电网安全
人身设备事故分析

胡红光 主编

中国电力出版社
CHINA ELECTRIC POWER PRESS

内 容 提 要

本书收集了全国电力系统的人身和设备事故资料，综观全局、去粗取精，编写成电力生产典型事故案例。通过对人身触电、高处坠落、机械伤害事故的展示，对变电、检修、试验、保护、基建、配电等工种事故的描述，对变压器、互感器、开关柜、接地网、绝缘子、电容器等设备事故特点研究及实施对策，从技术角度为读者提供参考数据和事故处理经验。通过事故调查的大数据展现，介绍设备运行原理、发生事故的机理、责任人处罚效果，应用于电力工程的安全管理实际，使人防、物防、技防能力加强，更具针对性和实用价值。

本书共十六章，分别为电网典型人身事故及追责案例、变电站值班员伤亡事故案例、检修人员伤亡事故案例、高压试验人员伤亡事故案例、高压开关柜内人身伤亡事故案例、输电线路人身伤亡事故案例、城市配网人身触电事故案例、农村电网人身触电事故案例、低压触电类事故案例、带电作业及感应电触电事故案例、电力设备事故案例、电网建设工程事故案例、小动物造成设备短路事故案例、绝缘子污闪及过电压事故案例、电力误操作事故案例、安全用具使用不当事故案例。

本书可供电网企业生产技术人员和管理人员参考使用，也可作为电力院校安全和技术培训用书。

图书在版编目（CIP）数据

电网安全人身设备事故分析 / 胡红光主编. —北京：中国电力出版社，2020.12
（2023.6重印）

ISBN 978-7-5198-5015-9

I.①电… Ⅱ.①胡… Ⅲ.①电力系统－事故分析 Ⅳ.① TM71

中国版本图书馆 CIP 数据核字（2020）第 186481 号

出版发行：中国电力出版社
地　　址：北京市东城区北京站西街 19 号（邮政编码 100005）
网　　址：http://www.cepp.sgcc.com.cn
责任编辑：闫姣姣（010-63412433）
责任校对：黄　蓓　朱丽芳
装帧设计：郝晓燕
责任印制：石　雷

印　　刷：廊坊市文峰档案印务有限公司
版　　次：2020 年 12 月第一版
印　　次：2023 年 6 月北京第三次印刷
开　　本：710 毫米 ×1000 毫米　16 开本
印　　张：21.5
字　　数：317 千字
印　　数：2001—2500 册
定　　价：86.00 元

前　言

　　防范电力事故是没有硝烟的战争。电力事故具有突发性、破坏性，一旦发生将造成重大财产损失，甚至危及生命。一场事故意味着一个家庭的破损，事故惩罚了当事者，也让电力企业缴纳了昂贵的学费。《国家电网公司安全事故调查规程（2017修正版）》确定了事故责任追究制度，促使电力企业研究事故规律，总结经验教训，全面采取预防措施。一桩桩事故已演变为"沉没成本"，通过历史沉积循环消化，将事故的负面影响变为积极主动的预防能力。

　　本书主编胡红光在变电运行岗位工作40余年，悉心收集电力事故信息，结合《国家电网公司电力安全工作规程》（简称《安规》），将电力事故优化组合、编写成章，形成经典的反事故案例。按照工作主体范围，书中涵盖了变电站值班员、变电检修人员、高压试验人员、基建工程人员等的事故案例；按照安全管理思路，书中又涵盖高压开关柜、电力基建工程、电力误操作、城市配网、农村电网、低压触电、带电作业等事故案例；针对设备运行短板，本书亦收录了小动物短路、绝缘子污闪及过电压、安全用具使用、电力设备事故案例。这些事故案例基本涵盖电力生产全过程、全领域，体现各部门、各专业、各工种、各特殊环节的安全预防与事故特点。

　　本书在阐述事故始末的同时，深入剖析原因，指出应遵循的相应《安规》条款，给出处理措施和预防事故的方法。读者可通过相似工作情况的对比，增强对危险部位的关注度与警惕性，增加风险辨识能力，提高安全防护技能。

希望通过事故案例的各种警示，让读者从不同角度理解、记忆、运用《安规》，进而把安全声音传递到每个作业点，把安全理念传达给每位读者，让大家真正做到敬畏规章，安全就业。

本书由胡红光担任主编，胡亚童、胡亚飞参与了本书第二、三、五、七、八、十一、十六章的编写。

由于编者水平有限，本书疏漏之处在所难免，恳请广大读者批评指正。

编　者

2020 年 6 月 19 日

目　录

第一章

电网典型人身事故及追责案例

第一节　电网典型人身事故

案例 1　起重机立杆，晃绳碰触高压线造成 20 人触电事故

一、事故原因

　　1988 年 10 月 17 日，某局劳动服务公司施工队进行 110kV 输电线路架设，在起吊 2 号水泥杆过程中，当杆子起立到 60° 时，右侧晃绳与另一运行的 110kV 线路导线接近而放电，现场 20 余名作业人员触电倒地。起重机的绞盘失控倒转，水泥杆倾倒至原位，造成 5 人死亡、2 人重伤、1 人轻伤的特大群伤事故。

二、事故分析

　　（1）施工队长对工程条件准备不足，没有制订施工方案，现场危险点勘察不到位，临近运行线路作业，未设置警戒区域。

　　（2）起重指挥人员对起重机司机与施工人员安排不合理，起吊指挥信号不规范，没有正确安全地组织施工。

　　（3）起重机司机未经专业技能培训，吊物捆绑不牢起吊，超负荷起吊，蛮干造成不可控制的危险局面。

三、事故教训及对策

　　（1）违反《电力安全工作规程（线路部分）》8.1.7 "起吊物件应绑扎牢固，起吊电杆等长物件应选择合理的吊点，并采取防止突然倾倒的措施。" 在带电的高压线路附近施工时，无严密组织的技术方案和安全防范措施。工作票签发人应勘察现场，检查邻近带电线路，预测施工活动的主体，确认带电导线最小安全距离是否合格。

（2）该线路需要停电做安全措施（装接地线）。施工单位应办理签发电力线路第一种工作票，并履行工作许可手续，由运行单位委派专人监护。

（3）应制订施工方案，由领导审批签字。根据施工内容做好各环节风险分析，落实风险预控和现场管控措施。杆塔组立应做好起重设备、杆塔稳定性方面的风险分析、评估、预控。

（4）起重人员应经专业技术培训取得《特种设备作业人员证》。吊装前应检查汽车起重机的吊钩、钢丝绳、液压机构，确认工作状态良好。

案例 2　工作负责人擅离岗位，人员触电烧伤事故

一、事故原因

1983 年 3 月 23 日，某变电站进行迁移配电设备工程，在变电站电源进线杆装设一组接地线。线路组开工不久，民工嫌地线碍事将其拆除。有人建议在变电站终端杆挂一组地线，反被讥笑"怕死"。第二天在工作未完成的情况下，工作负责人就擅自离开现场乘车回常州。并于当日 15:17 向调度汇报"工作已结束，人员已撤离，接地线已拆除"的虚假情况。调度未向变电站了解情况，于 15:23 下令对该变电站送电。在现场工作突然来电，又无地线的状态下，5 人触电烧伤。

二、事故分析

（1）工作负责人不能正确组织工作，未落实现场安全措施，未告知作业危险点，无故脱离工作现场，对成员施工安全不管不问。工作终结报告弄虚作假（应报告有无接地线、工作人员、遗留物品），安全技术岗位失职失责。

（2）检修工区未严格执行施工技术管理制度和技术协议的规定，所派人员素质不满足工程安全质量要求，属于用人不当，未严格把关。

（3）人力资源部门对合同管理及劳务工的资质检查失误。

三、事故教训及对策

（1）违反《国家电网公司电力安全工作规程（配电部分）》[简称《安规（配电部分）》] 3.5.2 "工作负责人、专责监护人应始终在工作现场" 和 3.5.5 "工作负责人若需长时间离开工作现场时，应有原工作票签发人变更工作负责人，履行变更手续，并告知全体工作班成员及所有工作许可人，原、现工作负责人应履行必要的交接手续，并在工作票上签名确认" 的规定。

（2）事故单位领导对人力资源管理、职业资格审核、规章制度执行、教育培训、考试考核等工作监管不到位，致使安全生产环节产生漏洞。

（3）"安全是工人最主要的福利，也是社会主义企业义不容辞的责任。要以安全为前提，严格要求，警钟长鸣。" "严" 表现在六个方面：①严格贯彻《安规》；②严格贯彻安全生产责任制；③严格执行反事故措施；④严格执行劳动纪律；⑤严肃处理事故责任者；⑥领导自身素质提高。

案例 3　发电厂连续发生事故，调查分析处罚

一、事故原因

1993 年 11 月 23 日，A 发电厂工区管理不良，造成工人违章操作，发生高处坠落摔跌致死事故。

1994 年 1 月 1 日 22：50，A 发电厂浓雾造成 220kV 华代东、西线污闪，烧毁电厂 2 号主变压器，强大的过电流、过电压窜入主控室，所有的保护失灵，造成 5 万 kW 2 号机燃烧损坏，10 万 kW 的 3、4 号机损坏严重。

1994 年 1 月 8 日，A 发电厂燃运班长在行车运行中，将头伸出栏杆向后张望，颈部被水泥柱棱角斩断，造成头、身分离的恶性人身死亡事故。

二、事故分析

（1）单位领导安全管理失职，未能及时掌握生产过程的人、财、物状况及现场作业状况。发生第一次事故后，未做到 "四不放过"，举一反三提出整

改措施。未按照《安规》及时认定责任，追究处罚当事人，以教育全体职工。

（2）工区监护管理不善，未进行技术交底，关键点控制失误。

（3）燃运班长不遵守安全规定，行车无安全防护装置，运行中造成意外人身事故。

三、事故教训及对策

（1）《国家电网公司安全事故调查规程（2017修正版）》1.6规定："事故调查应坚持实事求是，尊重科学的原则，及时、准确地查清事故经过、原因和损失，查明事故性质，认定事故责任，总结事故教训，提出整改措施，并对事故责任者提出处理意见。做到事故原因未查清不放过、责任人员未处理不放过、整改措施未落实不放过、有关人员未受到教育不放过（简称'四不放过'）。"

（2）对事故责任单位、责任人的处理意见：工区主任监护管理不善，给予行政撤职处分及经济处罚；厂长负事故领导责任，给予行政撤职处分及经济处罚；全厂停产整顿，中断安全记录，取消部级达标荣誉称号。

第二节　典型事故调查及事故追责

案例1　接地线防止线路工作人员触电事故

一、事故原因

1994年某供电局检修班在10kV铁岭线和10kV红辽线同杆并架段进行停电作业。检修班分别在14号杆和22号杆装设4组接地线。16：00，杆上作业6人发现10kV铁岭线22号杆挂地线处有火花，下杆停止作业。工作负责人询问工作票签发人为何线路突然来电，工作票签发人询问调度员，得知属于变电站违章操作造成误操作事故。

二、事故分析

（1）事后调查发现某变电站值班员违章操作，擅自将 6kV 铁岭线送电。事后，安全监察部进行事故调查，根据事故调查"四不放过"的原则，对当事人和相关领导进行追责处罚。

（2）因为在检修设备装设了可靠的接地线，避免了群死群伤触电事故。

三、事故教训及对策

（1）调度值班室和变电站的模拟图板应有接地线装设位置明确标识，并做好接地线登记记录。

（2）工作负责人和工作班成员应检查接地线的装设可靠性，现场应保持接地线的良好接地状态，不能擅自拆除和移动接地线。

（3）现场根据工作需要装设的临时接地线要有记录，工作结束后应拆除全部接地线。

案例 2　雨中换线作业，连环串线触电事故

一、事故原因

2006 年 6 月 30 日，某供电局装表计量班、线路检修班在平山镇兴隆村按照计划进行 10kV 梁丝线公用变压器低压 4 号杆 T 接支线改造工作。工作中钟某登上支线 1 号杆，将公用变压器低压 4 号杆 T 接的 4 根铜芯绝缘导线线头（220V）用绝缘胶带包扎后开始换线。首先单相旧导线牵渡新导线，拉紧 A、C 两相新导线，此时下起了雷阵雨。全体工作人员避雨休息，雨停后全线复工。完成 A、C 相两根导线施放后，开始施放中间两根导线（B 相和中性线导线）。在牵渡导线时又下起大雨，施工未间断，但一名监护人员擅自下了支线 1 号杆，正在施放的 B 相新导线与支线 1 号杆上 A 相带电绝缘铜芯线发生摩擦（低压 220V），未被及时发现。12 时，当 B 相和中性线两根导线拖放至 7~8 号杆时，致使 A 相带电绝缘导线绝

缘层被磨破，导致正在施放的 B 相导线带电（220V），另一根新施放的中性线又通过横担等导体与 B 相导通带电，导致正在支线 7~8 号杆之间拉线的施工人员和线盘处送线的施工人员触电。

现场施工人员立即用扁担挑开导线使触电者及时脱离了电源，并随即对触电昏迷者采用人工呼吸等方法抢救，同时拨打了 120 呼救。事故造成 5 人死亡（均为临时工，事故发生时正赤脚站在水稻田中拉线），10 人受伤（2 名供电局职工，8 名临时工）。

二、事故分析

（1）监护人员擅自离开 1 号杆工作岗位，未及时发现新导线和带电导线的绝缘层被施工拉力磨破，并及时隔离处理。

（2）工作票签发人未尽到安全责任，所派工作负责人和监护人工作素质不满足安全要求，施工现场组织混乱。

（3）工作负责人布置的安全措施不完备，未制订工作范围全部停电措施。在雨天作业未考虑漏电风险。大雨天气，视线不良，杆上杆下人员操作受阻，活动不便，工作的安全检查不到位。泥泞湿滑的施工现场加剧了电压对人体的泄漏（低压 220V）。

三、事故教训及对策

（1）启动事故调查程序，认识事故原理及危害性，科学地采取预防措施，是防止事故的一种有效工作方法。根据《国家电网公司安全事故调查规程（2017 修正版）》1.1 "为了国家电网公司系统安全事故报告和调查处理，落实安全事故责任追究制度，通过对事故的调查分析和统计，总结经验教训，研究事故规律。采取预防措施，防止和减少安全事故……"，事故调查内容应详细追问人为因素、物的因素、管理因素、事故经过等。用分支清晰数据、分析对比方法，全面展开事故调查工作事故调查分析分支示意图如图 1-1 所示。

（2）事故调查组经调查、取证、分析和鉴定，查明了事故原因，确定了事故性质和责任。根据《国家电网公司安全生产工作奖惩规定》（〔2005〕512

号），对责任人和事故责任单位的处理意见：线路检修班 1 职工负事故主要责任，给予开除处分。计量班班长（工作票签发人）、检修班长（工作许可人），给予开除留用察看两年处分。县局工会主席、副局长、局长负事故领导责任，给予行政撤职处分。市供电局人力资源部、生产技术部、安监部主任、主管副局长、局长、党委书记负事故领导责任，给予行政撤职处分。市供电局按定员人均 1200 元扣减工资基金。停产整顿，中断安全长周期记录。

（3）事故后各单位领导班子成员纷纷进工区、下班组、到作业现场，参加安全学习讨论、组织查找问题，将事故作为一面镜子，查找深层次原因，充分认识到管理违章的隐蔽性、顽固性和传染性，制订针对性整改措施，形成对事故因素的全面防范。

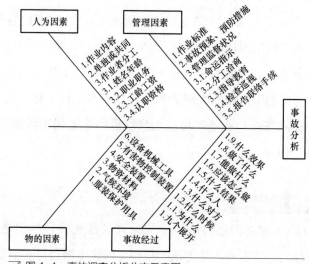

↗ 图 1-1　事故调查分析分支示意图

第二章

变电站值班员伤亡事故案例

　　变电站值班员的日常工作为倒闸操作、设备巡视、工作票许可、紧急状态及事故处理。值班员工作专业性强、技术性强且风险大。变电站日常工作与检修班、高压试验班、保护班、用电计量班、电力建设改造工程等专业的业务交往密切，由于倒闸操作条件复杂，发生事故的概率较高。所以，应加强变电站各类作业的风险管控，加强运维检修人员的安全技术培训，及时完善安全设施及设备安全防护措施。

第一节　值班员触电事故

案例1　误攀运行断路器，人身触电事故

一、事故原因

　　1983年5月1日夜，110kV某变电站2号主变压器停电检修。当值班员操作完对主变压器的停电、解备后，操作人把操作棒放在洛112断路器处，一起回控制室取地线。两人拉着一组地线向112断路器方向走去，当走到洛111断路器处，两人误认为已到洛112断路器处，便放下地线、操作票和手电筒，寻找接地螺丝。值班长看断路器架子高，不好爬。值班员说："我上。"她爬上开关，坐在两侧套管的中间机械箱上，戴好绝缘手套向断路器南侧的B相套管引线上挂接地线，只听一声巨响，强烈的弧光将她的双眼灼伤，她忍着剧痛从断路器爬下。

　　同类事故：

　　（1）1981年8月28日，某变电站值班员未填操作票进行操作，在无人监护，不验电、不戴绝缘手套情况下，误登上断路器架构挂接地线，当他右手接触带电部位时触电，造成右手截肢。

（2）1973年12月28日，某热电厂值班员在进行35kV倒母线操作时，误爬上352南隔离开关基础支架上挂接地线（35kV南母运行），电弧放电使他被击伤落地，造成左手截肢。

二、事故分析

（1）值班长（监护人）放弃操作票正常操作程序，未能发现制止值班员不良行为。

（2）值班员技术素质差，操作时自身安全防护不当，造成误登带电设备悬挂接地线。

（3）夜间照明灯不亮，视线不良，断路器设备编号不醒目，对操作人心理和行动造成不良影响。

三、事故教训及对策

（1）值班长工作标准不高，值班员配合失利。装设接地线属于重要程序操作内容，操作人和监护人必须履行职责，按照程序步骤进行操作。操作过程应进行监护复诵制，每操作完一项，打一个对勾。如果按照程序操作，操作人悬挂接地线前应先核对设备位置和编号无误，验明确无电压后，监护人才能发布悬挂接地线的指令。操作人减少了操作步骤，则将导致恶性事故发生概率大幅提高。

（2）变电工区领导平时要求不严，安全监督不力；值班员图省事、想当然，使倒闸操作出现安全漏洞。

案例2　脚踏操作杆造成设备误动，值班员被烧伤

一、事故原因

1981年4月17日，110kV某变电站值班员，在平漯1断路器做安全措施时，操作人员未使用绝缘梯子，直接攀登隔离开关操动机构，脚踏着平漯1北隔离开关操作把手，使隔离开关闭锁销子从闭锁槽内脱出，隔离

开关导电杆触头自动下落，造成 110kV 母线 A 相接地短路失压大面积停电事故，操作人员局部被烧伤。

二、事故分析

（1）值班长操作前准备工作不足。应使用小型绝缘梯子，方便值班员进行挂拆接地线的操作和进行相关的高处作业。

（2）值班员操作过程的技术方法不正确，动作的差错引发不良后果。

三、事故教训及对策

（1）人员素质需要提高，值班员应懂得设备原理、操作中的危险点、设备维护知识。变电站值班员是安全运行的责任人，负责对所辖设备进行控制、操作、监视、测量、维护、处理事故，必须具备过硬的业务素质和良好的技术功底。

（2）站长安全监督不到位。操作票的执行过程，站长应全程安全监督，及时发现问题，纠正各种错误，提醒安全注意事项。

案例 3　值班员更换单只电容器的熔断器，未放电造成触电死亡

一、事故原因

1998 年 10 月 6 日，某 110kV 变电站 73 号断路器跳闸，检查发现电容器平衡保护动作，其中 1 号电容器熔丝熔断。值班长与值班员未填操作票，到开关室将 73 号断路器解备。然后值班长拿接地线、保险丝和扳手，值班员拿一只绝缘手套，未戴安全帽，脚穿绝缘靴，一同去换熔丝。两人到电容器室后先推上电容器 73 号断路器，对 A、B、C 相放电三次，放电声从大到小，直至无声音，分别将接地线挂在汇流排上（该电容器组采用双星型接线）。值班长去拿下面的临时接地线，准备对 1 号电容器单体放电，这时值班员未经许可攀登 1 号电容器处的构架，左手抓住东端钢架，两脚踏在下层横架上。右脚准备上第三层横架，由于用力过猛将头部右前额，触击到高 2.6m 处的

1号电容器熔断器的一极。电容器内剩余电荷沿任某右前额、脸部，经过心脏，左手掌对钢构架接地放电，使其从钢构架上摔落下来，任某经抢救无效死亡。

二、事故分析

（1）变电工区对变电站安全管理不到位，对人员的技术素质心中无数，对所辖变电站每天的操作缺乏监督指导。

（2）变电站站长安全管理松散，工作要求不严，关键部位作业没有风险意识，缺乏技术监督指导。具体表现为：登高作业未使用梯子，工作人员未戴安全帽，未办理"事故应急工作单"，调度未下令，未填写操作票。

（3）变电站人员素质偏低，缺乏电容器运行知识，不懂电容器的工作原理，工作前不对电容器放电，忽视安全防护用具的保护作用。

（4）监护人未尽到监护职责。

三、事故教训及对策

（1）违反《安规（变电部分）》5.3.6.3"监护操作时，操作人在操作过程中不得有任何未经监护人同意的操作行为"和6.5.3"工作负责人、专责监护人应始终在工作现场"的规定。对工作班人员的安全认真监护，及时纠正不安全的行为。设备有突然放电的危险，监护人没有告知存在的风险，做好全过程监护。

（2）变电工区技术管理存在漏洞，对更换熔断器等危险大的操作项目，未在变电站运行规程中明确规定操作注意事项。值班员对更换熔断器所需要的工作步骤不明确。

（3）造成触电的技术原因分析。停电后的电容器内部极板上还存在大量电荷（电压），由电容器组的放电装置进行放电。但由于1号电容器熔断器熔断，与自动放电回路连接中断（如图2-1、图2-2所示），而采用接地线对电容器的接线母排放电，只是对整组电容器放电，不能触及熔断器熔断后的1号电容器（这是因为电容器的熔断器熔丝熔断后，电荷储存在极板上不能通过放电装置进行有效释放），因此当工作人员触碰到1号电容器接线端时，就会发生人身触电事故。因此，工作人员在停电后的电容器组上工作，必须对工作范围内的每只电容器单独再次放电。更换熔断器时还应戴绝缘手套、穿绝缘靴才能进行工作，如图 2-3、图 2-4 所示。

（4）值班员对电容器设备原理认识不清，盲目作业造成意外触电事故。电容器极板带电，人身触电示意图如图 2-5 所示。

↗ 图 2-1　电容器组运行中放电装置

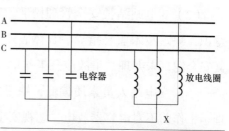

↗ 图 2-2　电容器放电装置一次接线示意图

↗ 图 2-3　电容器放电后正确更换熔断器

↗ 图 2-4　电容器的熔断器熔丝熔断后

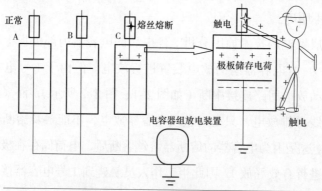

↗ 图 2-5　电容器极板带电，人身触电示意图

第二节　设备维护过程人身伤亡事故

案例1　班长、站长工作中安全距离不足，造成触电事故

一、事故原因

（1）1984年8月26日，某变电站站长光着膀子进站询问抄录铭牌情况。后来单独一人爬上35kV隔离开关构架上核对铭牌数据，触电后从2.5m高处跌下头部碰伤，死亡。

（2）1985年4月1日，某110kV变电站站长独自用钥匙打开316隔离开关的网门，进入带电间隔用漆在墙上写编号，因2号主变压器未停电，316-5隔离开关动触头带电，触电死亡。

（3）1982年11月15日，某热电厂758断路器事故抢修后，送电时发现7852隔离开关C相绝缘子断裂。班长将带电间隔网门打开（间隔门锁坏了长期不修），向副值讲解隔离开关原理，左手接近带电体发生弧光放电，送医院做开胸心按摩手术无效死亡。

（4）1985年4月19日，某电厂8号机大修，继保班班长在厂用高压变压器6kV进线电缆间隔，对TA测电阻，紧螺钉，抄设备铭牌。因与未停电的6kV母线安全距离不够，触电死亡。

二、事故分析

（1）站长凭借职位之便在高压设备区一人工作，失去技术措施、组织措施保护的安全条件。

（2）变电站工作无计划，随意性大，进入带电间隔做与操作无关的事。

（3）设备铭牌等设备运行数据，应从变电站新设备投运时，开始建立各单元设备数据库；设备编号应统一格式，在设备投运时一次性完成；避

免产生零星无计划的工作量。

三、事故教训及对策

（1）违反《安规（变电部分）》2.2.1 "经本单位批准允许单独巡视高压设备的人员巡视高压设备时，不准进行其他工作，不准移开或越过遮栏。"

（2）违反《安规（变电部分）》2.1.4 设备不停电时安全距离的规定（10kV，0.7m/35kV，1m）。

（3）20 世纪因生产条件限制，变电站运行管理粗放，人员技术素质与工作需要的差距大。变电站零星分散的设备维护工作，应做好工作计划，按照安全高效的原则进行集中处置。

案例 2　班长、站长更换照明灯，高处坠落伤亡事故

一、事故原因

（1）1993 年 11 月 13 日，某 220kV 变电站站长独自登上 220kV 设备高层平台（18m）上的灯具爬梯，更换低压照明灯，不慎失足坠落，抢救无效死亡。

（2）2000 年 6 月 2 日，某电厂电机班班长带领两名成员在锅炉现场进行生产照明灯具的更换工作，其间该班长独自一人爬上 29m 高锅炉平台，处理不亮的灯具，因转身不慎，坠落在 19m 设备平台，造成数根肋骨、小腿骨骨折。

二、事故分析

（1）从管理角度分析，站长独自登高作业，无工作计划、无监护人、缺乏安全措施。

（2）从技术层面分析，高处作业未使用工具袋，一手拿灯泡，一手抓栏杆，或体力下降易造成意外失误。

三、事故教训及对策

（1）违反《安规（变电部分）》15.1.9"高处作业人员在作业过程中，应随时检查安全带是否拴牢。高处作业人员在转移作业位置时不得失去安全保护"的规定，登高作业不使用安全带。维修照明灯属于临时性工作，班长认为这项工作简单，以往经常这样干，临近下班心情急躁，为抢时间而存在侥幸心理。

（2）看似主动工作，实属严重违章。站长应指派有登高资格、有登高能力的人员进行照明灯维修。

案例 3 信号旗杆碰到 66kV 隔离开关，人员触电死亡

一、事故原因

2002 年 4 月 28 日，某供电公司检修班进行电容器组预试和小修，工作结束检修人员撤离作业现场。运行人员去除安全措施，恢复母线运行。工区主任电话通知运行专工和工作负责人说："电抗器 B 项油样不合格，需研究如何处理并重新采样"，于是专工、工作负责人等来到作业现场工作。专工、工作负责人忽然听到电容器组北侧有放电声，发现一名作业组成员仰倒在 66kV 西母线隔离开关下的草地上（距电容器组 22m），呼吸急促。他的左右手心均有放电痕迹，旗杆顶端留有放电痕迹，身体左侧放有一面"在此工作"旗（旗杆是铝合金管材质，长约 1.1m）。该人员经全力抢救无效死亡。经查证，这名作业人员违章作业，工作负责人没有下达工作指令，擅自进入高压设备场区，手持"在此工作"旗杆，来到非作业现场，在穿越 66kV 设备区时，手中举着的 1m 长金属镀铬管旗杆碰到上方 66kV 隔离开关，触电死亡。

二、事故分析

（1）工作人员缺乏电工知识，手拿导电物品在高压设备区行走，擅自越位到危险区域。

（2）工作负责人对人员状态不熟悉，分工不细致，工作前未进行危险点告知，造成工作人员越位进入高压设备区。

（3）值班员对进入变电站的工作人员缺乏安全警示和控制。

三、事故教训及对策

（1）违反《安规》4.2.4"各类作业人员应被告知其作业现场和工作岗位存在的危险因素、防范措施及事故紧急处理措施"。工作负责人应先行一步，做好人员合理调配和事故预想。

（2）这次作业只是根据工区主任的一个电话，根本没按规定办理工作票和履行工作许可手续。工作班成员不遵守安全生产规定，擅自进入高压设备场区。

（3）加强变电站安全管理，加强岗位技术培训，认真履行岗位职责。变电站值班员未办理工作许可手续，没有阻挡作业人员进入作业现场，带电场区未按规定采用临时围栏实行封闭。

（4）装置违章，金属杆的"在此工作"旗属于导电物体，变电站安全活动和工作检查中，应该发现导电物体在高压设备区使用的危险性，早做防范。例如：110kV 某变电站值班员在母线构架下种植向日葵（违章种植高杆作物），在收割向日葵时母线引线对向日葵杆放电，一火球落在值班员身上，造成触电并大面积烧伤。

第三节 设备巡视、验收时人身事故

案例 1 红外测温靠近设备，造成人员触电死亡

一、事故原因

2005 年 4 月 12 日，某 110kV 无人值班站门卫人员报告，站内设备有大的电弧火花，运维操作二队安排 2 人到该站查看设备情况并进行红外测

温。一值班员到现场后超越职责范围，在无人监护下，无视爬梯上的"禁止攀登，高压危险"警告牌，盲目攀登爬上110kV团箕线508断路器出线穿墙套管检修平台，靠近带电的高压设备进行红外测温，以致被电弧严重烧伤。

二、事故分析

（1）变电工区安全管理有漏洞，领导对现场管控不到位，未尽到安全职责。

（2）变电站值班长思想麻痹，没有进行危险点分析及现场监护。

（3）当事人业务技能差，安全培训教育不到位。

三、事故教训及对策

（1）违反《安规（变电部分）》5.2.1"经单位批准允许单独巡视高压设备的人员，巡视高压设备时，不得进行其他工作，不得移开或越过遮栏"。

（2）未办理第二种工作票，没有明确红外测温时人员的职责分工。工作人员对高压设备近距离测温，没有保持安全距离。

案例2 验收过程拍摄互感器铭牌，触及外接电源触电事故

一、事故原因

2013年3月7日，某营销部组织计量班、采集运维班、用电检查班，进行变电站10kV业扩工程验收。高压进线柜前后柜门处于打开状态，中置式手车开关在试验位置，下柜TV手车未推入开关柜。一工作人员（1977年生）在进线开关柜柜后检查时，用相机拍摄进线柜线路TV铭牌时发生触电，额头右侧、左手食指、右手食指有电击痕迹，抢救无效后死亡。据调查施工单位擅自从临近冷冻厂台变私拉0.4kV电源，接入施工低压配电屏，造成施工现场存在人员触电隐患。

二、事故分析

（1）营销部领导没有履行安全职责，组织验收时安全交底不到位，对施工单位负责人从业资质审查不严，现场有章不循，管理粗放。

（2）变电站值班员思想麻痹，没有采取相应的安全组织和技术措施。

（3）工作人员业务技能差，安全意识淡薄，不熟悉设备接线，不能识别危险点。

三、事故教训及对策

（1）业扩工程应加强小型非计划性作业现场和分散型作业现场的安全管理。本质安全体现在生产、运行的全过程，体现在工作的每一个步骤、每一个环节。

（2）规范业扩项目异动管理，单位领导做到异动申请和接电作业申请同步。

（3）业扩工作人员应在施工方带领下进入施工现场，事先主动了解现场设备带电部位和危险点，从而应变处置隐患的随机性和突发性。

（4）工作负责人必须与施工方一起检查安全措施，确认工作范围内设备已停电，经过双方确认后方可开始工作。

（5）组织相关岗位人员对《安规》深度学习、培训、考试，生产一线作业者、指挥者的安全知识和专业水平是安全的决定性因素。

（6）工作票签发人、工作票许可人应能及时发现和控制现场的异常情况，对施工全过程的安全负责。

案例 3　变电站站长巡视设备时越位工作，失误造成触电

一、事故原因

（1）1985 年 10 月 16 日，某变电站站长独自一人巡视设备，因越位检查刚检修的断路器是否渗油。开关柜是 GG-1A-03 型柜，没有线路侧隔离开关，所以断路器外壳、出线电缆终端带电。他忽视了柜内有电，只身打开网门，伸手触及带电部位造成人身死亡事故。

（2）2004年3月14日，110kV某变电站站长与值班员巡视设备。站长发现111断路器B相三岔口处有油污，便从机构箱平台跨到断路器架构上，在抬起身体准备擦拭三岔口下部油污时发生触电。站长趴在地上，身上衣服着火，左耳、右手、胸部、右腿多处有明显烧伤放电痕迹，经抢救无效死亡。

二、事故分析

（1）变电工区现场管理职责划分不清，值班人员兼职设备维护工作，造成自我管理无人监护的局面。

（2）站长是变电站运行安全的第一责任人，站长有权单独巡视设备，但无权进行设备检修维护工作。自我保护意识欠缺，造成越位触电风险加大。

三、事故教训及对策

（1）违反《安规（变电部分）》2.2.1"经本单位批准允许单独巡视高压设备的人员巡视高压设备时，不准进行其他工作，不准移开或越过遮栏。"

（2）违反供电公司编发的《变电站运行规程》，变电站站长应负责全面安全工作，正确安全的组织变电站值班员参加设备运行监督和维护工作。无论任务轻重，站长应该计划先行，分工明确，监督到位。发挥大家的积极性，事后总结表扬，形成良性循环的工作机制。

第四节　清扫变电站设备触电事故

案例1　用鸡毛掸清扫开关柜设备，造成人身触电事故

一、事故原因

（1）1983年11月4日，某220kV某变电站在清扫10kV南母时，一检修工误入带电的100北隔离开关间隔，造成触电（轻伤）事故。工作前

100 北隔离开关间隔设有围栏，高压开关柜门未闭锁。该检修工第一次曾用鸡毛掸进柜清扫，被监护人提醒有电，但未采取有效措施。第二次检修工又进 100 北间隔工作被电伤。

（2）2001 年 3 月 10 日，某 110kV 变电站值班员完成 10kV 南母停电检修工作许可手续后，值班长独自使用尼龙掸子站在木椅上清理蜘蛛网，触及带电部位触电死亡。

二、事故分析

（1）检修人员擅自违章工作，监护人发现设备问题后，不警惕，未采取有效措施。

（2）值班长凭经验盲目工作，不清楚带电部位和存在的危险点。工作地点未设围栏和悬挂安全警示类标示牌。

（3）变电工区对安全工作检查落实不到位，长期存在的管理短板得不到控制。

三、事故教训及对策

（1）违反《安规（变电部分）》5.4.2 "在高压设备上工作，应至少由两人进行，并完成保证安全的组织措施和技术措施。"

（2）未正确的使用安全工器具和劳动防护用品。

（3）监护人在工作现场发现违章并危及人身安全，应当机立断停止其工作，再进行后续批评处理。

案例 2　民工清扫设备，监护不到位造成触电事故

一、事故原因

（1）2005 年 1 月 28 日，某 35kV 变电站 3430 线间隔停电，进行二次放线、清扫工作。民工清扫完甘长 3430 断路器套管，没有得到工作负

责人许可，擅自超越工作范围和设置的安全围栏，将梯子放在 35kV 甘长 3430 线母线隔离开关构架上（35kV 母线侧带电）。既无专人监护，又未采取安全措施。他爬上构架，右手与隔离开关 C 相放电，触电死亡。

（2）2002 年 3 月 1 日，某 110kV 变电站进行 35kVⅡ段母线设备小修。由于工作票签发人、工作许可人误认为 325 南明线路已停用（实际带电），325 隔离开关静触头带电。工作许可人通知检修班人员将 35kV Ⅱ段出线间隔网门全部打开。工作负责人带领两名外聘民工进行设备清洁工作。并交待 325 南明线线路侧未挂地线，等值班员挂了地线方可工作。一民工脱离监护人的视线，单独进入 325 南明线间隔，右手持棉纱接近 3253 隔离开关静触头，造成民工右手和左脚放电，民工当即倒地，才脱离电源。经抢救伤者做了右手和左脚掌截肢手术。鉴定为Ⅲ级伤残，属人身重伤事故。

二、事故分析

（1）工作负责人未对工作票内容进行认真审查，现场带电部位不清楚。工作票错误较多不合格，工作票的备注栏对带电部位没有提示。

（2）值班员（工作许可人）不了解变电站运行方式，不清楚现场带电部位，在没有进行危险点交底和设置安全警示装置的情况下，将所有间隔的网门全部打开，草率安排民工从事清洁工作。

三、事故教训及对策

（1）运维检修部对现场安全管理没有明确要求，缺乏现场安全检查及时发现问题。

（2）变电站值班员对民工进场后，未审核承包人员的职业资格，缺乏危险点交底和安全教育。

（3）变电站设备维护保养状态不良，唯一带电部位的门未闭锁，未设置围栏和标示牌。

（4）民工队伍分工不明，责任不清，安全素质低，且无人监护指导，超越工作票规定的安全范围进行工作。

第五节　接地线接触不良事故及预防效果

案例 1　带地线合闸，接地线接触不良被烧断，人身烧伤事故

一、事故原因

　　1994 年 4 月 6 日，某变电站 312 断路器大修。工作负责人在结束工作票时，值班长临时要求试合 3121 隔离开关。于是，值班长没有拆除 312 断路器与 3121 隔离开关之间的接地线，擅自摘下操作把柄上"已接地"警告牌和挂锁，进行合闸操作，造成三相短路，强烈的弧光将工作负责人和值班员严重灼伤。

二、事故分析

　　由于有高压开关柜体的阻挡，烧伤人的电弧不是 3121 隔离开关短路的弧光，而是两根接地线烧坏时产生的弧光。两根接地线是裸露铜丝绞合线，值班员用卡钳卡在设备上做接地端，致使接地端接触不良（接地线还有断丝现象），另一股绞合线缠绕在三相导体上。当操作人员违章操作时，强大的短路电流，不但烧坏了 3121 隔离开关，而且使其中一股接地线接触不良，震动后脱落产生强烈电弧光，严重烧伤近处的 2 人。

三、事故教训及对策

　　（1）违反《安规（变电部分）》4.4.10 "成套接地线应用有透明护套的多股软铜线组成，其截面不得小于 25mm²，同时应满足装设地点短路电流的要求。禁止使用其他导线作接地线或短路线。接地线应使用专用的线夹固定在导体上，禁止用缠绕的方法进行接地或短路"。

　　（2）工作前应检查接地线有无磨损断股，截面应足够。

（3）设备检修现场接地线的接地端、导体端各连接部位要可靠，固定牢靠。

（4）接地线应采用三相短路式接地线，特殊环境及设备部位应采取防止接地线脱落的措施。

案例2　接地线保安全，危机时避免群伤事故

一、事故原因

由于某发电厂运行值班员错误操作，把749中母线隔离开关合在了正在进行停电清扫的6kV中母线上。当时中母线上有配电班的13人在工作，当他们听到可怕的6kV母线短路轰鸣声和看到短路弧光后，生的本能使他们不顾一切地从母线上（2m）跳下来。由于6kV中母线上工作前，按照技术措施的要求合上了接地开关，并满足装设地点短路电流的要求，才避免了一场触电类群体伤亡事故。

二、事故分析

（1）由于接地开关操作到位，安全措施到位，误操作事故状态下做到了接地开关可靠接地短路。接地刀闸（接地线）等安全设施的可靠布置，防止了突然来电和意外伤害，发挥了预防作用。

（2）由于接地刀闸安装、维护使用良好，避免了因接地刀闸触头接触不良，引发的感应电造成的群体触电事故。

（3）误合隔离开关的值班员未按照操作票程序操作，监护人思想不集中，对系统接线方式变化不清楚，埋下重大事故隐患。

三、事故教训及对策

（1）带接地线合闸是电网安全管理最忌讳的恶性事故，说明该发电厂运行工区安全生产管理粗放，倒闸操作执行程序存在薄弱环节。

（2）事故后发电厂领导对运行专业进行综合治理。补充细化《变电站运行规程》，加强技术培训，严格落实反事故措施，提升系统运行的可靠性。

（3）事故调查做到失职追责、尽职免责。对运行工区主任、班长等进行了岗位调整。

第三章

检修人员伤亡事故案例

修试工区承担所辖供电区域各变电站的检修、试验、设备技术改造、技术监督等工作，以保证变电站设备安全运行。工区所辖班组主要有检修班、保护班、高压试验班等。班长是安全第一责任人，在班长的带领下，完成检修工作、故障处理、网络信息处理、技术改造工程等。

第一节　检修班成员触电事故

案例 1　高空作业未使用工具袋，造成员工高处坠落事故

一、事故原因

变电检修工区按照计划，在某变电站 220kV 门型架构上进行悬垂瓷绝缘子清扫，一检修人员在转移过程中，解除安全带，骑在架构横梁上进行转移。所携带 250mm 扳手从电工钳套中掉出，孙某下意识去抓扳手，不慎身体失去平衡，从 7m 高门型架构跌落地面，经抢救无效死亡。

二、事故分析

（1）检修人员准备工作不到位，违章使用电工钳套携带工具，随意解除安全带保护。

（2）监护人对工作人员的错误行为没有及时指出并纠正。

三、事故教训及对策

违反《安规（变电部分）》18.1.9 "高处作业人员在作业过程中，应随时检查安全带是否拴牢。高处作业人员在转移作业位置时，不得失去安全保护。" 18.1.11 "高处作业一律使用工具袋。" 工作人员高处作业，一个小的不良动作失误造成了事故，变电检修工区应按照电网作业实际操作的技能要求，对每

个检修工进行各方面培训和考核。

案例 2　隔离开关部件卡死，扳手打滑造成触电

一、事故原因

2004 年 11 月 20 日，某 110kV 变电站停电，在 1 号主变压器由运行转检修操作过程中，值班员发现 9012 隔离开关一部件卡死，无法断开。检修班成员在拆卸过程中因扳手打滑，不慎右手触及柜后带电的 10kV Ⅰ段母线铝排，导致触电，经抢救无效死亡。

二、事故分析

（1）值班员对工作地点带电部位未做安全防护措施，未进行危险点告知。

（2）检修人员没有按照操作要领使用工具和选择合适的工具类型。

三、事故教训及对策

（1）违反《安规（变电部分）》5.1.4 中"表 1 设备不停电时的安全距离"的规定（10kV，0.7m）。

（2）由于开关柜工作空间狭小，检修人员在选择扳手时应选择使用合适的类型（活扳手、呆扳手、梅花扳手、套筒扳手），防止操作中打滑发生意外碰伤等事故。正确掌握电工工具使用技巧是进网电工应掌握的基本技能。

案例 3　工具袋放错位置，工作人员误攀带电隔离开关

一、事故原因

2002 年 5 月 17 日，某热电厂配电班对 35kV 建侯 1 断路器、建侯 1 南隔离开关进行小修工作。班长打电话叫班员拿工具到工作现场，班长去

仓库拿机油壶。班员随手将携带的工具放在建侯 1 北隔离开关下面（致命错误）。这时班长去找机油，等回来时，听见班员大叫一声，看到班员已从建侯 1 北隔离开关构架上摔下。班员躺在地上，安全帽破裂，手和脚已被烧伤，嘴里还说着："错了，错了，应该是南隔离开关。"班员被送往电力医院治疗。

二、事故分析

（1）班长未尽到安全监护职责，直接参加工作。

（2）班员没有查看设备位置、有无安全措施，在无监护人指令情况下，随意攀登带电设备开始工作。

三、事故教训及对策

（1）班长违反《安规（变电部分）》6.5.3 "专责监护人不得兼做其他工作。专责监护人离开时，应通知被监护人员停止工作或离开工作现场。待专责监护人回来后方可恢复工作。"并且施工现场未进行"定置管理"，应根据检修设备位置（标牌）确定工作场所，安排人员及设备、工具的摆放位置。

（2）工作班成员应明确工作任务，听从班长指挥。应有自我保护意识，在攀爬设备前核对设备编号，查看有无安全措施。

案例 4 安全距离不足，造成人身触电事故

一、事故原因

1980 年 11 月 26 日，某变电站 351 甲隔离开关停电检修，邻近有带电的 35kV TV 架构。工作负责人未检查安全措施是否完善，便令成员上架构进行工作。成员顺着装有脚钉的 351 甲隔离开关构架向上攀登（少设一脚钉）。当爬到与带电的 35kV TV 架构平行处（仅相距 37cm），成员右手

抓住上方脚钉，右脚登住 TV 构架，当脚接近 TV 时对脚放电。成员从 3.5m 高处坠落地面，造成右手、右脚被电弧击伤，头骨粉碎性骨折。

二、事故分析

（1）班长进行工作前没有进行危险点告知，工作现场未使用绝缘梯作为上下的安全通道。

（2）工作人员攀登过程对工作范围内危险点判断不清，未保持与电压互感器的安全距离。

三、事故教训及对策

（1）违反《安规（变电部分）》7.2.1 表 3 作业人员工作中正常活动范围与设备带电部分的安全距离（35kV，0.6m）。工作票签发人未勘查工作现场，不熟悉设备。

（2）工作负责人对"工作票所列安全措施是否完备"不清楚，监护不到位，造成工作班成员蛮干。

（3）电压互感器与 351 甲隔离开关构架之间设计安全距离不够。

案例 5   安全带打错位置，绝缘子断裂高坠事故

一、事故原因

2004 年 12 月 9 日，某检修分公司人员到某 220kV 变电站进行 01 断路器小修，012 隔离开关、022 隔离开关检修。工作班成员 Y 某将安全带打在 022 隔离开关导电杆架尾部（支持绝缘子端部）。Y 某在用扳手松开 B 相引线螺丝时，该相支持绝缘子突然从根部断裂，整体朝 Y 某站位侧倒下，Y 某随之坠落地面。隔离开关触头打压在胸部，Y 某当场死亡。

二、事故分析

（1）工作票签发人应对工作的安全性负责。对作业人员经常利用支持绝缘子打安全带的做法不了解，工作票内容没有做出安全警示。

（2）工作负责人对支持绝缘子的易脆断性预料不足，没有进行危险点交底。

（3）工作人员在支持绝缘子上违章打安全带，未关注绝缘子的外表是否有裂纹等异常现象。

三、事故教训及对策

（1）违反《安规（变电部分）》18.1.8"安全带的挂钩和绳子应挂在结实牢固的构件上，或专为挂安全带的钢丝绳上，并应采用高挂低用的方式。禁止挂在不牢固的物体上，[隔离开关（刀闸）支持绝缘子，电压、电流互感器绝缘子、母线支柱绝缘子、避雷器支柱绝缘子等]。"

（2）支持绝缘子的物理特性：质地坚硬，表面光滑，质体显脆性，在外力作用下易断裂。绝缘子厂家标注的绝缘子抗弯强度 5kN 是出厂试验值，但经过长途运输、安装、长期运行后，部分绝缘子因为震动、撞击、温度变化等原因，强度值会发生变化并不容易被发现。而当事人还错误地把它当作可靠支撑物体。

（3）技术监督检测绝缘子的方法有 X 光探伤等方法等，应定期检测到位。

第二节 检修班长人身伤亡事故

案例 1 班长因吵架情绪不稳，走错间隔致触电事故

一、事故原因

（1）1995 年 6 月 11 日，某电业局检修班长在变电站 35kV 设备区检修设备，班组成员因工作分配问题和班长吵架骂人，班长气昏了头边说边走，结果走错间隔，爬上带电的断路器设备，造成了触电烧伤事故。

（2）2012 年 5 月 18 日，某 220kV 变电站 110kV 间隔进行修试工作。检修班长看到"缺陷及隐患统计一览表"内有部分隔离开关发热缺陷，即向站长提出有些缺陷已消除，站长随口说，不消除缺陷，就不结束工作票，二人发生争执。同时安监部人员到现场检查，发现现场班前会交底记录不符合要求，并责令检修工作停工整改。检修班长与安监部人员又发生争执。他情绪波动，擅自携带绝缘梯误入运行的 28101 间隔（与 28114 间隔相邻），攀爬 A 相断路器造成电弧灼伤。

二、事故分析

（1）检修班班长因为争吵，造成现场工作注意力转移，情绪影响工作次序。

（2）变电站站长对情绪不稳定的班长进入设备区，没有采取预防措施。

三、事故教训及对策

修试工区领导对部分骨干人员缺乏思想教育，管理松散。搞好班组建设，加强员工思想教育沟通，是保障安全的重要一环。

检修人员违反《安规》保证安全的组织措施和技术措施各项规定。违章的同时，自身也受到严重伤害（例如：某 110kV 变电站站长在设备验收时，发现 110kV TA 未清扫，与检修人员发生争执。站长情绪激动，未采取安全措施便登上构架清扫 TA，在移动位置时一脚踏空，从 2.7m 的高处坠落后死亡）。

案例 2　班长工作不到位，造成触电及机械伤害事故

一、事故原因

（1）某 35kV 变电站进行 2 号主变压器更换，修试工区工作负责人刘某在办理工作票许可手续后，召集各班长开会，交代工作内容、安全

措施，并带大家看了带电设备范围。班长安排换主变压器35kV侧套管至302断路器引线，在交代现场和工作任务时，有3人不在现场。工作开始后，3人从外面吃饭回到现场，班长没有对3名工作班成员交代现场带电部位。工作监护人又忙于和别人讨论问题，忽视对3人的有效监护。张某擅自提着梯子绕过安全围栏，登上3021隔离开关支架母线侧发生触电，从3m支架上坠落下来。后经医院救治，张某双腿截肢。

（2）1988年10月28日，某110kV变电站的111断路器检修时，检修班班长从断路器基础上踏着断路器的连杆从B相向C相上移动，恰巧控制室正在做该断路器跳合闸性能试验。班长的左脚一趾骨被运动中的断路器连杆拐臂挤成粉碎性骨折。

（3）1986年，检修班长带领3人，到某35kV变电站进行033断路器换油工作。当换油工作中，班长看到102主进断路器的油变黑。没有办工作票，未经调度同意让值班员断开102断路器，拉开102母隔离开关。在断路器和隔离开关间挂一组接地线。开关柜的下部引线仍然带电，但值班员没有阻止班长的工作。在拆卸开关上部螺钉时，他脚碰掉接地线落在下部带电引线上，产生强大弧光和放电声，他被抛出开关柜，头部碰伤，腿部被电伤。

二、事故分析

（1）班长有章不循，违章指挥，越位操作造成事故。没有充分发挥班组成员的有效作用。

（2）工作班成员工作期间没有互相提醒。

（3）工区领导不重视班组人才培养，未做到训练队伍的常态工作机制。

（4）公司领导及工会对班组建设的资源投入不够，对员工存在的思想问题没有针对性对策，不能及时帮助班长解决面临的难题。

三、事故教训及对策

（1）《国家电网公司十八项电网重大反事故措施（2018年修订版）》"1. 防

止人身伤亡事故"提出重点要求：加强各类作业风险管控，加强作业人员培训，加强设计阶段安全管理，加强施工项目管理，加强安全工器具和安全设施管理，加强验收阶段安全管理，加强运行安全管理。而落实这些项目，必须通过班组运作的环节去实施，变电运维岗位的班长、站长发挥作用是关键的一环。

（2）加强班组建设，充分发挥班长、站长作用，激活安全网的神经末梢，是防止人身事故的重要措施。比如：进行班组细胞安全功能及联系的研究。工区主任通过班长的有效工作，提升本质安全水平。班长以身作则，既是兵头，又是将尾，是安全工作的核心动力。一个德才兼备的班长，能凝心聚力全面开展工作，紧密联系员工，时时保障安全，如图3-1所示。图中的三角形区是细胞营养的供应站，球形区是激发细胞活力的总体结构。每个员工、每个岗位都是安全系统的基本元素，安全状态是各种因素综合作用的结果。施工风险时刻隐藏在各项工作中，需要企业领导重视班组建设，夯实基础，化解风险。班组人员思想的差异变化、矛盾纠纷影响安全生产，班长要善于沟通、化解矛盾。班长始终承担着安全责任压力，而班长工作忙碌，面面俱到容易出现差错，所以要充分发挥每位班员的作用。工地每个作业点以健康模式进行动态组合，形成输变电运维检修工程的安全状态。

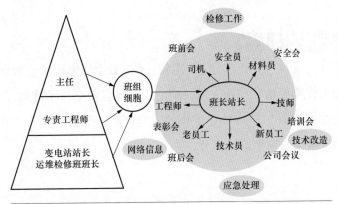

　图3-1　班组细胞安全功能及联系示意图

第三节　检修过程烧伤类事故

案例 1　工作现场因吸烟，引起乙炔爆炸事故

一、事故原因

（1）1985 年 4 月 13 日，某发电厂服务公司对低压乙炔罐进行调试时，放入电石注水时发生浮筒爆炸飞起，站在浮筒上的 2 名工作人员被抛起后落地死亡。现场发现了烟头与火柴。

（2）1985 年 2 月 26 日，贵州某供电局某工区维修工修汽车时嘴上吸着烟，当他把皮管套上乙炔发生器出口管时，乙炔发生器爆炸，当场死亡。

二、事故分析

（1）发电厂对防火要求管理松懈，工作现场无"禁止吸烟！"警示牌。工作负责人对流动吸烟缺乏安全教育和纠正、惩罚措施。

（2）当事人技术素质低，不按照程序操作造成失误。

三、事故教训及对策

（1）违反《安规（热机部分）》第 521 条"发生器附近禁止吸烟。"

（2）动火作业工地，作业人员持证上岗，加强安全技术培训。

（3）加强对临时工、新参加工作的人员管理，保证其在有工作经验的人员带领监护下方可从事危险性工作。

案例2　贮压筒应充氮气，却错换氧气引起爆炸事故

一、事故原因

1988 年 4 月 28 日，某热电厂电气分厂配电班，发生一起 220kV 开关充氮装置的加压器及被充氧贮压筒错误混杂使用，造成开关爆炸，造成 3 人死亡，3 人重伤，2 人轻伤的事故，直接经济损失 89000 元。充氮装置的加压器和被充的贮压筒内充的不是氮气而是氧气，当贮压筒内压力升高时，航空液压油与氧气发生剧烈的化学反应，使筒内温度骤然升高，造成压力剧增而爆炸。

二、事故分析

（1）电气分厂对危险品管理混乱，缺少特殊工种的技术培训，缺乏检查监督，仓库保管员造成工地材料员未能领取所需氮气进行作业（氮气瓶内装氧气）。

（2）分厂仓库保管员对气瓶的安全管理，安全分配程序出现差错，责任心不强。

（3）当事人员素质低，充气前没有识别气瓶颜色，是基本技术素质差距。工作负责人现场没有进行安全把关。

三、事故教训及对策

（1）违反《国家气瓶安全监察规程》中"空瓶与实瓶应分开放置，并有明显标志"的规定。现场存在重要物资管理漏洞，造成充氮装置误用氧气事故。分厂领导签字的仓库保管气瓶领用单，应写清楚用途和设备使用地址，进行双把关。

（2）违反《国家气瓶安全监察规程》第 13 条。"气瓶外表面的颜色、字样的色环，必须符合 GB 7144《气瓶颜色标志》的规定。"氮气瓶是黑色的外壳（"氮气"标识字样黄色），氧气瓶是蓝色的外壳——液化氧是蓝色的（"氧气"标识字样黑色）。这些基本的技术要点，在班务会和技术培训考试中应体现出来，让每位成员学会正确使用和妥善保存。

案例 3　容器内采用氧气降温，发生严重烧伤事故

一、事故原因

1995 年夏天，某电厂 1 名新参加工作的焊工（电力Ⅲ类证），参加机组大修时。天气炎热，休息时该焊工在冷灰斗内打开割枪的高压氧阀门，用高速流出的氧气来降温，之后关掉割枪阀门，爬出冷灰斗休息。当再次进入冷灰斗内开始电焊工作时，电焊钳上的电焊条刚一接触起弧，就发生了爆炸着火，造成焊工背部全烧伤。

二、事故分析

（1）焊工忽视氧气的助燃作用。在容器狭小的空间内，由于直接打开割枪的氧气高压阀门释放了氧气，使氧气和空气的混合比例达到了爆炸极限，电焊接触起弧产生的明火直接引爆了混合气体。

（2）工作负责人现场缺乏安全监督。

三、事故教训及对策

（1）在特殊环境、特殊容器内作业时，工作负责人应召开班前会，应进行危险点交底，工作中进行检查，纠正部分人的错误行为。

（2）开展技术培训和技术交流，学习掌握常用工具和器具的使用方法，操作标准，危险品使用注意事项。并在作业点设置"禁止吸烟！"等安全警示。

案例 4　锅炉管道母材裂爆，造成爆炸死亡事故

一、事故原因

2006 年 10 月 31 日，某电厂 2 号机组整体启动试运现场，由某电研所进行 2 号锅炉安全阀整定试验。22:10 当主蒸气压力升至 13.36MPa，温度为 483℃时，

主蒸气管道母材纵向爆裂，爆管使 2 人死亡、1 人轻伤。1 人在距离爆管点很近的发电机平台处死亡，1 人在主厂房扩建端安全通道 15m 楼梯处死亡。

二、事故分析

（1）安装前存在主蒸气管道母材质量缺陷，导致出现爆裂事故。

（2）主蒸汽压力试验方案安全措施不完整，事故预想措施不到位。试验过程的压力表数值监督未及时到位，出现异常情况未及时分析处理。

三、事故教训及对策

（1）试运行方案应经总工程师审阅批准，分厂领导认真落实，严格按照各项技术操作方法执行。

（2）主蒸气管道母材安装前应进行质量验收，工程安装完成应进行试运行前验收，对主蒸汽管道应按照国家标准进行技术监督，有问题早发现。

（3）传热过程有高温、高压的热源。当流体流过管道和设备时，由于流体与设备管道之间的摩擦和扰动。在一定的温度差、压力差等推动力的作用下运行，达到能量平衡时，应防止能量积累，消除能量失控状态下释放。技术监督的目的在于找到薄弱环节，包括管道材料质量缺陷。

（4）在主蒸气管道试压期间不得进行常规检查，严禁工作人员在安全门、管道附近逗留。

案例 5　柱上油断路器爆炸，四人烧伤死亡事故

一、事故原因

1984 年 8 月 4 日，某 10kV 线路因扩路 1～6 号东迁后，A、C 相导线接错，两名配电值班工执行调度命令，合上王府 5 号柱上油断路器时，断路器内部喷油着火，1 人烧伤面积达 90%，经抢救无效死亡，1 人烧成重伤。同时附近居民母女 2 人亦被烧伤。

二、事故分析

（1）线路改线前，工区工程师在勘察现场后，未画出相序变更接线图，施工时又未核对相序。施工结束后又未校对相序是否正确，致使 A、B 相接错的隐患留存现场。

（2）油断路器内部油质不合格，在短路电流冲击下不能有效灭弧，发生喷油爆炸。

三、事故教训及对策

（1）严格遵守电气设备预防试验标准、周期，进行断路器大修及预防性试验，及时消除设备缺陷。

（2）配电线路改线时，变更通知单或变更图应包括相序变更后的内容及规定，施工后应检查核对相序是否正确。

（3）从事电气设备操作、检修的工作人员应穿长袖棉质工作服，戴安全帽。

案例 6   装熔断器未使用保险火钳，造成群体烧伤事故

一、事故原因

1998 年 8 月 12 日，某发电厂燃料部电检班接到运行设备缺陷单，1号排污泵控制箱内部回路漏电需处理。检查完回路，摇测绝缘合格后，由值班电工送合动力熔断器，当安装第 3 只熔断器时，由于没有使用绝缘火钳，使用的普通钢丝钳意外滑落到 380V 小母线上，导致相间短路，电弧将操作的值班电工上衣引燃。导致其面部、颈部、上胸和两臂 II 度烧伤，面积 40%。监护人也被电弧灼伤。检修电工（工作负责人）在旁打手电筒照明，因工作挽起袖子，弧光将右小臂灼伤。

二、事故分析

（1）值班电工违章操作，未使用专用工具（保险火钳），在狭小操作空间

造成短路事故。

（2）监护人工作不负责，未能及时纠正值班电工的操作错误。

（3）工作负责人不进行危险点交底和布控，工作现场人员着装不规范，见违章不制止，未能安全地组织设备维修工作。

三、事故教训及对策

（1）违反《安规（变电部分）》6.3.11.5"工作班成员正确使用施工器具和劳动防护用品。"

（2）工作负责人及监护人粗心大意，对操作人的错误未提出疑问。

（3）380V 小母线无绝缘隔离措施，容易造成意外短路事故。

案例 7　误碰电流互感器开路的二次线，触电死亡事故

一、事故原因

（1）1998 年 7 月 11 日，某修试工区承担某变电站设备改造工程，复式整流屏退出时，将电流源 35kV TA 二次回路电缆在屏外剪断，而 TA 未拆除，恢复送电后造成 TA 二次开路。15 日午饭后准备复工时，学徒李某在临时站用低压屏误触开路线头，工作服着火，抢救无效死亡。

（2）1977 年 1 月 2 日，某发电厂保护班副班长测量发电机差动保护六角图，在测完 U 相电流后，忘记将 TA 二次端子压板合上（将二次回路短路），就去拆试验用的接线，准备继续测量 V 相电流。当他左手去摸接线的鱼嘴夹时，造成二次回路开路，当时被感应电击倒，抢救无效死亡。事故后发现原有的地面绝缘垫被移走，工作时无人监护。

二、事故分析

（1）工作负责人监护不到位。剪断 35kV TA 二次回路电缆是在停电后进行的，应该同时将该 TA 二次绕组首端使用专用的短路线或短路连片，在端子

排处短接。留有施工尾巴是工作负责人的技术失误。

（2）工作人员剪断电缆后，因为对 TA 二次回路接线原理不清楚、回路接线不熟悉，所以，未考虑到开路的严重后果。

三、事故教训及对策

（1）保护班人员需要加强变电运行知识的学习，做到懂规程，懂设备原理，熟悉一、二次设备接线方式。TA 二次不能开路，TV 二次不能短路，这是变电运行常识，如何运用到实际工作中去，需要就业人员认真领会，勤于实践。

（2）修试工区技术培训工作不到位，保护班成员不能胜任现场工作。

（3）处理 TA 二次回路开路故障，应将负荷减小或为零，然后使用绝缘工具进行处理。TA 二次回路不能开路的原因是：TA 二次回路是低阻抗回路，正常运行时，由于阻抗小，接近于短路状态，二次绕组总磁通密度（电动势）不大，当 TA 二次回路开路时，阻抗无限增大，二次电流等于零，此时一次电流完全变成了励磁电流，铁芯严重饱和并发热（噪声大），在二次绕组产生很高的电动势（电压），峰值可达几千伏，威胁人身安全或造成仪表和保护装置损坏。例如：某计量班对变压器台区的计量表进行校验，未将 TA 二次侧短路的情况下，拆除计量表进行校验。一会儿就听到计量柜中有异响，有焦糊气味，停电后发现 TA 已烧毁。

案例 8　电压互感器谐振绝缘击穿，人员烧伤事故

一、事故原因

2007 年 5 月 10 日，110kV 某变电站 10kV Ⅱ段 TV 新更换投运，投运过程中发现二次电压不平衡（A 相 156V、B 相 96V、C 相 60V）。随即将 10kV Ⅱ段 TV 撤出，5 月 11 日安排对Ⅱ段 TV 检查消缺。5 月 11 日，保护班工作人员对二次回路接线检查无异常后，为进一步查明原因，要求将

10kVⅡ段TV手车（隔离开关）推入运行位置，带电测量TV二次电压不平衡。测量中突然发生10kVⅡ段TV（A相）绝缘击穿，熔断器爆炸，飞弧引起A、B相短路，紧接着发展为10kV母线三相短路，2号主变压器后备保护动作，10kV母联211断路器及2号主变压器低压侧102断路器跳闸，10kVⅡ段母线失压，现场5名人员被弧光和烟雾灼伤。

二、事故分析

（1）事故调查确定，故障TV型号为LDZX9，某互感器制造有限公司产品，招标中第一次选用。事故后现场检查发现，10kVⅡ段TV的A、B相有裂纹；对A相进行解体检查发现绝缘击穿，内部有匝间短路现象，如图3-2、图3-3所示。

（2）分析认定事故直接原因：因浇注工艺及材质不良，致使TV本身存在质量缺陷，在带电进行测试过程中，发生绝缘击穿短路故障。

三、事故教训及对策

（1）变电站10kVⅡ段A相TV绝缘击穿发生弧光接地故障后，由于该变电站消弧线圈未投，弧光接地及过电压迅速导致A、B相短路，同时高压熔断器瞬时电流过大而熔断爆炸。

（2）设备采购情况。故障TV为事故备品，金额小、数量少。省公司未列入集中招标范围，为市供电局自行采购。集中招标的设备存在质量缺陷，深层次暴露出安全生产全过程管理存在的问题。

（3）变电站生产运行管理不规范。运维检修部对设备运行方式管理和技术监督不到位。该变电站属于城区变电站，10kV系统电缆出线多、电容电流大（达84A），但消弧线圈存在"控制装置故障"缺陷一直没有投入运行。10kVⅡ段A相TV绝缘击穿后，该变电站消弧线圈未投而发生弧光接地故障，暴露出设备缺陷管理不严格、技术管理存在漏洞等问题。

（4）设备投运交接试验把关不严。4月28日TV到货后，修试所试验班对其进行了交接试验，发现三只TV空载电流数值相差很大（109 V，3min，

3.1A、0.5A、5A），但并未引起警惕和重视，致使带有缺陷的设备投入运行。

（5）安全管理制度执行不严。本次工作属于正常消缺，应办理"变电第一种工作票"，但实际却办理了"变电站事故应急抢修单"；没有制订相应的安全措施，"两票三制"执行不严格，存在管理违章和作业违章。

（6）部分在岗生产人员基本技能和安全意识差。保护班工作人员基本理论知识缺乏，现场工作经验不足，安全风险意识不强。在检查二次电压不平衡时，错误判断二次回路存在问题，忽视了 TV 本身可能存在缺陷，采用直接将 TV 带电进行检查测量，消缺作业方法不当。

（7）整改措施。①进一步加强设备入网验收把关。10kV 干式 TV 励磁特性易饱和，过载能力较差，易因热稳定能力不足引起击穿。目前在 10kV TV 的交接试验中按照《电力设备预防性试验规程》要求的试验项目，无法对 TV 励磁特性进行判断。在今后的交接试验项目中增加对于 TV 励磁特性的测试，尤其对干式 TV 要严格把关。②开展标准化作业培训，提高一线职工的技能素质和安全意识。对标准化作业程序卡进行全面梳理，编制完善各类现场工作的程序卡，执行标准化作业。

四、反事故管理措施

（1）认真执行国家电网公司《预防 110（66）kV～500kV 互感器事故措施》（国家电网生〔2004〕641 号），对 10kV 干式 TV 交接试验中的空载电流数据进行全面普查，如发现试验数据偏大，立即安排停电进行 TV 励磁特性的测试。

（2）对于电容电流严重超标的变电站，迎峰度夏之前按计划完成对消弧线圈的改造、消缺，并将对整改完成情况跟踪考核。

（3）对按计划迎峰度夏之前不能完成改造、消缺的变电站，调度部门将母线分裂运行，降低其电容电流。

（4）加强运行管理，变电站发生单相接地后要立即处理，不能因接地时间长引起 10kV TV 运行中发生故障。变电站值班员及调度人员应掌握这些异常数据及时处理。

（5）变电站电容电流超标、过电压问题突出，在系统运行中事故率较高。应限期完善各站小电流接地选线装置，在单相接地后尽快排除故障点。

（6）设备发生爆炸着火，高压室内有毒烟雾对人身造成二次伤害，教训深刻，应引起管理者和作业者的高度重视（高压室的门应向外开，不反锁，工作期间始终保持安全通道）。

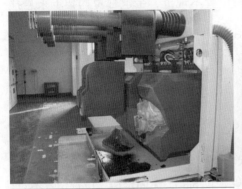 

↗ 图3-2　TV的A相绝缘击穿整体照片　　↗ 图3-3　TV的A相绝缘击穿局部照片

第四节　设备刷漆人员触电事故

案例1　安全监护不到位，喷漆人员触电事故

一、事故原因

2000年9月9日，35kV某变电站35kV西隔离开关线路侧TV检修。青年工人王某搬梯子进行35kV西隔离开关防腐时，左手臂触及西隔离开关带电部位。王某左手被电击伤，全部烧焦炭化，左臂上部肌肉脱骨，从左臂处被截肢。

二、事故分析

（1）变电工区安全管理存在漏洞死角，对工作负责人、工作许可人、工作人员的安全技术培训教育、考核不力。

（2）青年员工新参加变电站工作，安全知识欠缺（原来在电厂从事基建工作），运行经验不足。

（3）站长未能全程到位管控。围栏设置不规范，带电部位构架上未悬挂"禁止攀登，高压危险！"标示牌。

（4）监护人对危险点交底不清楚，麻痹大意，直接参加现场工作，失去监督指导、纠错功能。

三、事故教训及对策

（1）复杂的工作现场，未制定符合实际的安全技术、组织措施。

（2）变电站围栏数量不足，长度不够（仅 5m），无固定架，设置位置不对。工作前仅捆扎在 35kV 断路器构架上，未将带电设备完全隔离。

（3）变电站站长是制约事故的关键岗位，变电站刷漆工作频繁、触及范围广，存在交叉作业问题，刷漆人员又多是临时工，为防止意外发生，必须办理工作票，落实技术措施、组织措施。带电部位交代要详细，监护必须到位。

（4）运维检修部对零星工程的安全管理不到位，未从宏观上做到有效控制，微观上做到计划、实施、监督到位。刷漆工作是事故率较高的环节，未引起高度重视（例如：①检修工在 4m 高的梯子上，一手拿海绵，一手拿标示牌，手不扶梯子，脚下一滑从 2m 高处摔倒，抢救无效死亡。②一学徒工刷相色漆时，因出线铝排转弯处距 10kV C 相母线只有 300mm，他右手误触带电部位，造成Ⅲ度烧伤 40%，抢救无效死亡。③某 220kV 变电站一临时工在 110kV 设备上涂刷 RTV 防污涂料，移动铝合金梯子时，相邻带电设备对梯子放电，衣服被烧着，导致作业人员烧伤，110kV 母线失压事故）。

案例 2 油漆工擅自工作，误入带电间隔事故

一、事故原因

（1）某变电站值班员（工作监护人），在处理完 28023 隔离开关缺陷且送电后，并向油漆工交代 28023 已送电，不能再上去刷漆。值班员住在变电站宿舍阳台上的被子被风吹到地上，去拾被子离开工作现场。油漆工携带竹梯跨越围栏，将梯子靠在 28023 隔离开关 C 相构架，他爬上构架发生触电，当场死亡。

（2）2006 年 3 月 3 日，220kV 某变电站工作监护人因布置第二天工作开会，通知油漆工负责人暂停工作，然后离开作业现场。而油漆工负责人和一名油漆工为赶进度，未执行暂停工作命令擅自工作，跑错间隔，攀爬到与 1230 间隔相邻的 1229 间隔的正母隔离开关上，A 相带电部位对油漆工放电，油漆工被电弧灼伤。并造成 3 个 110kV 变电站失电。

二、事故分析

（1）变电站值班员（监护人）已经意识到危险，但没有对危险点进行标识、对危险人物进行控制，未将所有人员撤离工作现场。

（2）油漆工未进行安全培训、缺乏电工安全知识，无知胆大，不听监护人的指令，无视带电设备的危险，误入带电间隔。

三、事故教训及对策

（1）公司领导对现场监督力度不够。全员安全教育培训不到位，布置的工作不能落实。

（2）变电站站长不认真执行"两票三制"，未召开班前会，安全活动流于形式。

（3）监护人监护工作不到位，去做与监护工作无关的事情，将两名油漆工滞留在带电设备现场。

第五节　梯子使用不当触电事故

案例 1　无人监护梯子失稳，工作人员高处跌落死亡

一、事故原因

（1）2006 年 6 月 10 日，某供电公司检修人员在某 35kV 变电站进行 35kV 312-2 隔离开关消缺工作。操作队队长安排值班员（死者，31 岁）对 311 断路器粘贴试温蜡片。在队长去拿试温蜡片时，值班员独自登上 2m 高的人字梯，身体失稳，从 1.5m 高处跌落，安全帽脱落，右后脑撞击断路器基础右角处，导致颅脑损伤并伴有大量失血死亡。

（2）2000 年 11 月 14 日，某供电局客户中心一名工作人员到工地安装表计，沿铝合金梯子向上攀登，当登至 2m 高处时，梯子滑落，工作人员随梯子坠地摔伤，于 12 月 4 日死亡。

二、事故分析

（1）工作人员在无人扶梯子、无人监护的状态下独自工作，对梯子的倾斜倒伏无法控制。且不按规定系好安全帽下颚带。

（2）工作负责人未尽安全监护责任，未及时告知危险点、注意事项。

三、事故教训及对策

（1）违反《安规（热力和机械部分）》第十三章，高处作业第 632 条规定："在梯子上工作时，梯子与地面的倾斜角为 60°，工作人员必须登在距梯顶不少于 1m 的梯蹬上工作。"

（2）违反农电检修反事故措施规定："梯子登高要有专人扶守，必须采取防滑、限高措施。"

（3）梯子的支撑必须能承受工作人员及携带工具攀登时的总重量。工作人员使用梯子认为简便易行，思想上不重视。并且使用了质量差的简陋梯子，所以发生重大伤亡事故。人在梯子高处工作因为操作时受力方向变化，可能产生重心失稳，在坚硬光滑的水泥地面上梯子可能侧滑，派人扶梯是安全措施之一。

案例2 检修人员在设备区移动铝合金梯子触电事故

一、事故原因

2005年1月12日，220kV某变电站"222南隔离开关缺陷处理"工作后，没有经过工作许可人许可，检修人员3人擅自推着可移动式铝合金梯子，顺着220kV南母线下侧移动，他们误认为南母线已经停电，南母设备均不带电。由于22旁南隔离开关带电，梯子触及（倒在）22旁南刀闸C相支柱绝缘子法兰上，带电部位通过梯子到设备架构的水泥支柱底部对地放电，同时梯子上的工作平台向南侧倾倒。随即220kV母差保护正确动作，有关断路器及时跳闸，供电母线失压。推梯子的3人当场触电，由于故障电流是通过铝合金梯子接地，检修人员穿着绝缘鞋，戴着线手套，人体接触的是旁路感应电流。接触电压的局部放电造成人员手臂轻伤。事故造成220kV变电站失压，6个110kV变电站失压，损失负荷约120MW。

二、事故分析

（1）事故反映出该公司层面安全管理松散（缺乏刚性和针对性），制度写在纸上、说在嘴上、挂在墙上，而行动不落实（安全监察部无采购绝缘梯）。

（2）变电站站长对大型检修工地各项安全措施落实检查不细，围栏设置不规范，对梯子使用的安全事项把关不严。现场人员工作中精神状态不佳（工作走捷径、图省事）。

（3）检修班长对工作流程及关键节点的安全可靠运作把控不到位。

（4）施工人员纪律松散，工作标准低、效率低。

三、事故教训及对策

（1）违反《安规（变电部分）》16.1.9"在户外变电站和高压室内搬动梯子、管子等长物，应两人放倒搬运，并与带电部分保持足够的距离。"在大型作业现场，明显的违章和错误行为，没有管理岗位人员制止，变电站值班员、修试工区安全员、公司安全监察部人员的安全职责未尽，安全监督措施宣传模板成为摆设，导致事故发生。

（2）事故引起省公司领导高度重视，经调查研究查找问题，省公司及时调整了该公司领导班子和中层领导，在变电站召开事故现场会。存在问题：①该公司领导班子不团结，办事互相推诿，形不成管理合力，关键岗位用人失察。②部分中层干部技术素质、管理能力有差距，责任心不强。却以职称文凭做底气，盲目乐观，认识问题、处理问题有局限性。③部分工作人员工作标准低，做一天和尚撞一天钟。

该事故反映"集中型事故因素"，几个部门的缺点各自独立，却在作业点同一时序，因管理缺陷导致事故。可以用多米诺骨牌效应描述事故因果连锁关系，如图 3-4 所示。事故的直接原因是人的不安全行为和物的不安全状态。防止事故因果连锁过程的着眼点，应集中于倒伏顺序的起点（人的素质和设备缺陷），如图 3-5 所示，设法消除人的缺点（生理、心理、知识、技能），将各作业点的风险及矛盾化解在原始起点，中断事故连锁的进程。

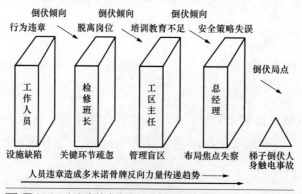

图 3-4　人身事故多米诺骨牌倒伏趋势示意图

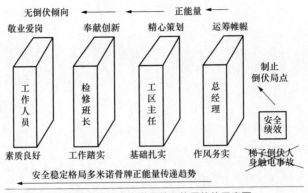

无倒伏倾向 ← ← 正能量 ←

敬业爱岗　　奉献创新　　精心策划　　运筹帷幄

工作人员　　检修班长　　工区主任　　总经理

制止倒伏局点

安全绩效

素质良好　　工作踏实　　基础扎实　　作风务实　　梯子倒伏人身触电事故

安全稳定格局多米诺骨牌正能量传递趋势

↗ 图 3-5　遏制事故的多米诺骨牌正能量趋势示意图

　　将事故导致损伤或破坏的过程，看作排列的多米诺骨牌的倒伏程序，任何一张牌倒下时最后一张牌必然倒伏，这就象征变电运维工程存在违章现象不控制，最终会演变为突发事故。如果及时进行局部干预，查处违章、处理缺陷，就可以从源头上制止事故，那么事故链将被阻断。"起点效应"验证了干预事故过程的概念，反映的是一级对一级负责的力度。领导者要纵观全局，培养员工的优良作风和技术实力，关注关键部位操作者的反应力和注意力，对存在的隐患要做到早发现、早控制、早处置，把问题解决在萌芽状态。

第四章

高压试验人员伤亡事故案例

　　高压试验专业是保障电力设备健康水平的一项基本工作。高压试验专业负责变电站一次设备的预防性试验，高压设备缺陷部位的测试，如图4-1、图4-2所示。由于工作环境与高电压联系密切，员工的安全指标则处于风险控制的最前沿。试验人员应具有试验专业知识，充分了解被试设备和所有试验设备、仪器的性能。进行系统调试作业前，应全面了解系统设备状态及接线方式。严格遵守《安规》的有关"电气试验、调试及启动"的各项规定，才能保证人员的生命安全。

↗ 图4-1　变电站设备区的高压试验设备　　↗ 图4-2　高压试验人员进行避雷器测试

第一节　高压试验人身触电事故

案例 1　试验电源未断开，误碰高压触电死亡

一、事故原因

　　1998年5月22日，某发电厂由试验人员李某对A相TV介损试验接线。李某发现接线长度不够，需将西林电桥移位，移动电桥时，将试验用标准电容器拉倒。在班长的提示下李某去扶电容器，李某触电叫了一声，并说："人工呼吸，心肺复苏"，然后休克，最终经抢救无效死亡。

同类事故：1998 年 5 月 9 日，高压试验班在某 220kV 变电站进行新建 2386 断路器均压电容试验中，班长自认为试验已经结束，没询问操作人员电源是否断开，也未得到操作人员的呼唱许可，就擅自去拆试验接线，导致触电死亡。

二、事故分析

（1）据查是调压器没有断开电源，班长疏忽大意，在未断开试验电源的状态下，让李某去扶起电容器。

（2）李某未呼唱、未通报工作内容，不加思考进入危险区，造成触电。

三、事故教训及对策

（1）违反《安规（变电部分）》14.1.7 "变更接线或试验结束时，应首先断开试验电源、放电，并将升压设备的高压部分放电、短路接地"。

（2）班长因发生异常现象，分散注意力，丧失警戒性。心理素质和应对能力欠缺，没有尽到安全监护和正确组织工作的职责。

（3）高压试验工作因其地点移动性、时间不定性，容易给作业人员带来意外风险。修试工区应针对工作特点，开展专业性的应急事件、操作技能、心理素质的培训工作。培养员工的集中精力、准确操作、耐心观察、善于分析的良好作风。

案例 2　加压过程未呼唱，无关人员突然越位触电事故

一、事故原因

2000 年 3 月，某 110kV 变电站断路器、TA、隔离开关进行预试检修工作。工作负责人邓某办好工作许可手续后，对高压班工作班人员进行分工，交代了注意事项后开始工作。这时检修人员秦某在没有得到高压试验负责人同意的情况下，就爬上隔离开关进行检修。由于 TA 与隔离开关之间的连线没有拆除，试验中带电。工作负责人喊秦某赶快下来，但秦某说：

"没关系的，你们加压时，我让开就行了。"试验过程加压、变更接线等环节都进行了呼唱，A、B 两相的试验加压完成后。在做 C 相介损试验时，秦某到了隔离开关的 B 相。第一次试验发现试验结果不对，邓某就喊赵某下来自己爬上 TA 构架重新接线，此时试验工作失去监护。邓某接好线后，就喊胡某重新试验。胡某在未呼唱"开始加压"的情况下，就启动仪器进行加压。这时站在隔离开关 B 相上的秦某认为试验已经结束。在没有询问试验人员的情况下，秦某解开安全带移向 C 相，触电后从 2m 高的构架上落下，导致手腕粉碎性骨折。

同类事故：某 110kV 变电站在试验 110kV 避雷器时，由于避雷器引线不好拆，工作人员决定连同引线一块试验，就把电充到了围栏外的隔离开关一侧触头上。但围栏外的隔离开关处未设临时护栏，又未派专人看守，隔离开关构架上也未挂警示标示牌。当试验 B 相时，检修人员出现在隔离开关上，造成触电烧伤。

二、事故分析

（1）高压试验负责人有章不循，安全管理缺乏刚性。明知检修人员爬上试验中的隔离开关十分危险，却容忍了当事人的错误行为，没有让其撤离现场。

（2）工作票签发人未安排好工作的先后顺序，高压试验现场有检修人员急于完成任务。

（3）检修人员违章爬到试验过程中的隔离开关，得到警示后却不警醒、不改正，拿自己的生命当儿戏。

三、事故教训及对策

（1）违反《安规（变电部分）》14.1.5 "被试设备两端不在同一地点时，另一端还应派人看守。"

（2）班长不能坚持反违章零容忍的态度，未有效制止检修人员错误行为，埋下了事故的重大隐患。

（3）试验人员第二次加压前没有进行呼唱，班长却去解线，未尽监护责任。

案例 3　班长擅自去拆试验引线，导致触电

一、事故原因

　　1998 年 5 月 9 日，某高压试验班在某 220kV 变电站进行新建 2386 线开关均压电容电容量试验，工作负责人为高试班班长。8:55 从 B 相开始试验，当做到 B 相开关线路侧第二只均压电容时，负责高压侧拆、接试验引线的周某被引线上的感应电麻了一下，向工作负责人提出"有感应电"。班长就叫周某去帮王某记录数据，由自己去拆接试验引线。9:30 做 A 相开关线路侧第二只均压电容试验，王某加压记录下数据后，未呼唱试验结束，也未告知其他人员想再复测一下数据，又按下了仪器上的自动加压按钮。而此时班长自认为试验已完成，就擅自去拆试验引线，导致触电瘫倒，经抢救无效死亡。

二、事故分析

　　（1）班长未尽试验指挥和监护人职责，拆试验引线时，未联系试验电源是否断开，也未得到操作人员的呼唱许可，就擅自拆试验引线，导致触电。

　　（2）试验人员不按程序作业，再次合闸前应检查有关人员离开并得到工作负责人的许可，不遵守高压试验的呼唱要求。

三、事故教训及对策

　　违反《安规（变电部分）》6.3.11.2 工作负责人（监护人）的安全责任。工作负责人未做到：正确地组织工作，严格执行工作票所列安全措施；监督工作班成员遵守本规程，正确使用劳动防护用品和安全工器具以及执行现场安全措施；关注工作班成员身体状况和精神状态是否出现异常迹象，人员变动是否合适。

四、高压试验中对呼唱的要求

　　（1）实行呼唱制度时，人员由于不习惯或讲面子，不是声音小就是不规范。呼唱人员必须集中精力，声音洪亮。呼唱用词应精练、准确，操作人应

复述应答。如："开始挂线""挂线完毕""加压准备完毕""开始加压""断开电源""电源已断开""开始放电""放电完毕"等。

（2）试验步骤对高压输出端的放电，应始终认真执行。在试验中监护人往往把注意力集中在操作人的仪器调试上，有时所有人员都围在仪器旁边看，这是错误的，这样会使试验现场处于失控状态。

（3）操作人要认真操作，小组人员必须各守其位、各负其责。发现异常应迅速断开电源。

案例4　开关柜内掀起手车隔板，高压试验人员触电事故

一、事故原因

（1）某110kV变电站，进行部分停电的预防性试验工作。将Ⅰ、Ⅱ段母线联络断路器545手车开关拉出柜外，摇测545二次回路绝缘。将545手车开关拉出后，工作负责人给工作人员指明TA接地点。工作负责人一手拖起静触头位置的手车隔板，一手用手电筒照在带电的TA二次端子上，以指示接地部位。工作人员手持螺丝刀突然伸向TA，当即触电身亡，在场的4人受弧光灼伤。

（2）某110kV变电站进行326电容器间隔的检修工作。由工作负责人监护在326开关柜后进行电缆试验。电缆未解头带TA进行试验时，发现C相泄漏电流偏大，随即将电缆解头重新试验，泄漏电流正常。试验完毕后，工作负责人听到326开关柜内有响声，便独自去326开关柜前检查，并擅自违章将柜内静触头处的手车隔板顶起，工作中不慎触电，经急救无效死亡。

二、事故分析

（1）两起事故不是技术操作程序的问题，而是安全管理范围的事情，工作班成员执行"第一种工作票"涉及的工作范围，应遵守各项安全规定，进

行高压试验全过程安全控制。

（2）工作票签发不合格，高压试验工作只安排一名人员，致使工作负责人参与高压试验工作。

（3）工作负责人在明知 10kV 母线及 326 开关上静触头带电，仍将手车隔板打开，暴露带电部位。

（4）变电站所做安全设施不完整，安全围栏没有全封闭，"止步，高压危险！"的标牌悬挂位置错误。

三、事故教训及对策

（1）违反《安规（变电部分）》5.1.4 "无论高压设备是否带电，作业人员不得单独移开或越过遮栏进行工作；若有必要移开遮栏时，应有监护人在场，并符合表 1 的安全距离。[表 1 为设备不停电时的安全距离（10kV，0.7m）]"工作人员超越工作票许可的工作范围，打开手车开关柜中起保护作用的手车隔板，进入带电范围工作。

（2）变电站值班员（工作许可人）未向工作负责人指明带电部位和注意事项。

（3）高压开关柜内静触头部位外面设置的手车隔板，是为了在拉出断路器后对带电静触头的安全隔离。手车隔板有闭锁装置和电力警示符号，检修工作与试验期间禁止触碰和打开，如图 4-3、图 4-4 所示。手车隔板正常情况是无法打开的，当事人采取了强制解锁方式。

图 4-3　手车断路器拉出后隔离触头

图 4-4　手车断路器静触头及手车隔板

案例 5 误将交流接入直流回路 京津唐电网系统振荡

一、事故原因

1996 年 5 月 28 日，某电网负荷 870 万 kW，其中某发电厂出力 97 万 kW。11:50 发电厂高压试验人员在开关试验中，误将交流电源接入直流回路，造成送入首都的 2 条 500kV 线路跳闸，两回 220kV 线路过载超限，发生系统振荡、频率下降，事故限电 70 万 kW。

二、事故分析

（1）工作负责人在低压配电装置上工作，未办理第二种工作票、"二次工作安全措施票"，致使工作程序混乱，未识别现场危险点。

（2）试验人员未按照岗位职业技能要求，识别变电站二次图纸和二次接线设备位置。

（3）接临时负荷未核对电压是否正常，并装专业的控制开关和熔断器。

三、事故教训及对策

（1）违反《安规（变电部分）》13.20 "试验工作结束后，按二次工作安全措施票逐项恢复同运行设备有关的接线，拆除临时接线，检查装置内无异物，屏幕信号及各种装置状态正常，各相关压板及切换开关位置恢复至工作许可时的状态。二次工作安全措施票应随工作票归档保持一年"。

（2）违反《国家电网公司十八项电网重大反事故措施（2018 年修订版）》5.3.1.10 "变电站内端子箱、机构箱、智能控制柜、汇控柜等屏柜内的交直流接线，不应接在同一端子排上"。5.3.3.3 "直流电源系统应具备交流窜直流系统的测量记录和报警功能，不具备的应逐步改造。"

（3）加强专业技术培训，熟悉管辖工作区的二次接线。

（4）条件复杂及特殊的工作，应填写安全措施票，经主任工程师批准，现场工作应有班长进行监护指导。

第二节 高压试验人员成功预防未遂事故

案例 1 警惕的眼睛，高压试验人员连续两次发现重大隐患

一、未遂事故原因

（1）1984 年 4 月 7 日大雾天气，某供电局高压试验班班长到某 110kV 变电站工作。走到设备区时听到 110kV 南母线 A 相悬式瓷绝缘子有强烈的噼啪放电声，当即向值班员通报。变电站临近钢厂，绝缘子运行中污秽严重，根据多年从事高压试验工作的经验，判断绝缘子设备已临近放电击穿边缘，立即向调度汇报，建议马上停电检查。停电后发现 8 片悬式瓷绝缘子已有 6 片损坏，计划停电进行污秽绝缘子更换后，避免了一次母线接地短路事故。悬式瓷绝缘子污秽放电现象，如图 4-5、图 4-6 所示。

（2）1984 年 4 月 8 日，某供电局高压试验班班长到某 110kV 变电站做 10kV TV 预试工作。变电站值班员操作西母线 TV，当拉开西母 TV 隔离开关并验电后，发现未带接地线，监护人在现场等候，工作人员去拿接地线。工作人员拿接地线回来后，班长发现监护人在东母 TV 间隔门边站着，门已打开。工作人员未看间隔的设备编号，把接地线一放，说"上吧。"监护人说："上吧。"这时工作人员两手抓间隔门，一脚蹬开关柜就要上。班长仔细观察发现 TV 隔离开关还在合闸位置，设备在运行中，上前一步将工作人员拉下来。由于班长的安全意识强，责任心强，及时发现错误，避免了误入带电间隔人身触电事故。

二、未遂事故分析

（1）悬式瓷绝缘子憎水性差，运行中经过环境污染表面污秽，雨雾天气普遍存在不同程度的局部放电现象。恶劣天气需要加强设备巡视，及时发现

异常现象。值班员对绝缘子放电状态还不能掌握特点。20 世纪 80 年代，绝缘子运行的技术监督和维护属于管理短板。

（2）变电站值班员操作不用操作票，高压试验的 10kV TV 预试工作不使用工作票，现场失去正确程序的引导和必要的安全监督，使各种严重错误发展为事故。

三、未遂事故教训及对策

（1）高压试验班班长以高度的安全责任感，在关键时刻采取果断行为，两次制止了重大事故发生。为表彰其模范行为，供电局发文通报表扬，并发奖金 50 元。

（2）班长以身作则，有真才实学，在复杂的现场做到"三清"：即清楚工作内容，清楚工作范围，清楚工作地点，不断发现和消除高压设备的各种缺陷，掌握数据、预测问题、修正偏差。

（3）21 世纪中国电力设备不断发展进步，绝缘子运行技术监督已采用红外热像方法，不需要停电，检测效果快捷、准确、高效。瓷绝缘子的运维检修也逐步从人工清扫、表面涂硅油、带电水清洗的方法，发展为涂 RTV 防污闪涂料或采用硅橡胶复合绝缘子，有效制止了雨雾天气绝缘子大面积污秽闪络事故。

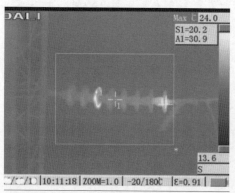

图 4-5　110kV 悬式瓷绝缘子污秽放电红外热像

图 4-6　110kV 悬式瓷绝缘子运行

第五章

高压开关柜内人身伤亡事故案例

第一节　高压开关柜内人身触电事故

案例 1　擅自解除 10kV 开关柜柜门机械联锁，触电死亡

一、事故原因

（1）2009 年 3 月 28 日，某供电公司检修人员在未办理工作票的情况下，处理 10kV 电站线隔离开关位置信号与设备实际状态不对应的缺陷。工作人员将开关柜门五防机械联锁销拨至关门状态，擅自违规解除柜门机械联锁，拉开接地刀闸，合上 9751 隔离开关，进入开关柜检查辅助接点时，触电死亡。

（2）2009 年 5 月 15 日，某 110kV 变电站 10kV 设备检修，一值班员在失去监护的情况下，擅自移开 10kV 开关柜后门所设围栏，卸下开关柜后柜门螺钉，打开后柜门进行清扫工作，触及开关柜内带电母排，发生触电死亡。

（3）2013 年 4 月 12 日，35kV 某变电站 10kV 罗屯线 456 断路器遥控跳闸后合不上，工作班人员更换完跳闸线圈，经过反复调试，断路器机构仍然卡涩，合不上。一检修工擅自从开关柜前柜门取下后柜门解锁钥匙，移开围栏，打开后柜门欲向机构连杆处加注机油（机构卡涩），触电后经抢救无效死亡。

二、事故分析

（1）变电工区对变电站运行维护的管理不到位，对岗位人员安全职责和工作能力考核不严。

（2）变电站站长安全管理松散，发生无票作业。

（3）作业人员素质低，无知状态下冒险作业，不明确危险点，不使用安全工器具。监护人注意力分散而失去监护责任。10kV 母线及开关柜内接线布置如图 5-1、图 5-2 所示。

↗ 图5-1 开关柜主变压器进线回路　　↗ 图5-2 开关柜内部母线新设备现场安装

三、事故教训及对策

（1）检修工擅自移开围栏，开启后柜门作业，造成人身触电。违反《国家电网公司十八项电网重大反事故措施》（2018年修订版）4.1.7禁止擅自开启直接封闭带电部分的高压配电设备柜门、箱盖、封板。工作票签发人应勘察施工现场及设备缺陷，进行事故预想和针对性预防措施。

（2）应严格执行《安规（变电部分）》6.5.1"工作许可手续完成后，工作负责人、专责监护人应向工作班成员交代工作内容、人员分工、带电部位和现场安全措施，进行危险点告知，并履行确认手续，工作班方可开始工作。工作负责人、专责监护人应始终在工作现场，对工作班人员的安全认真监护，及时纠正不安全的行为。"

（3）五防闭锁在断路器停电而线路带电的情况下，无法闭锁开关柜后柜门，暴露出供电公司隐患排查治理不到位，安全系统管理的漏洞。应严格执行《国家电网公司十八项电网重大反事故措施》（2018年修订版）4.1.2"防误闭锁装置应与相应主设备统一管理，做到同时设计、同时安装、同时验收投运，并制定和完善防误装置的运行、检修规程。"供电公司总工程师、变电工区主任工程师在编写审查《变电站运行规程》时，应注重防误闭锁装置的各项内容，并在安全活动中查找设备缺陷，及时解决问题，追究失职人员的岗位责任。

案例2 违章作业35kV开关柜带电部位触电死亡事故

一、事故原因

（1）2005年3月9日，某电力建设安装公司检修四班，对某110kV变电站35kV电缆、母排以及松黄线开关柜进行检修、预试等工作。35kV高压室除3014号柜主变压器进线侧带电，其余设备均由运行转为检修。工作负责人与变电站值班人员办理了工作许可手续，特别强调了35kV高压室3014号柜主变压器进线侧带电，并指定现场工作的监护人（死者44岁），要求该工作班必须得到工作许可命令后方可开始工作。随后监护人便安排该工作组成员准备工作所需工器具，此时，35kV高压开关室只有监护人。10:01工作人员听到35kV高压室有异响，并伴有浓烟，发现监护人趴伏在带电间隔（3014号柜）上部的35kV主进线母排上，右脚放在带电的35kV进线上已死亡。

（2）2013年10月19日，某变电检修中心对某220kV变电站35kV开关柜做大修前的准备工作。工作负责人持工作票，对该变电站35kV开关柜做大修前的尺寸测量等准备工作。2号主变压器在运行状态，主变压器进线侧的隔离开关静触头带电。工作过程中，作业人员错误地打开了35kV三段母线主变压器进线开关柜内隔离挡板，进行尺寸测量，触及带电的变压器侧隔离开关静触头，引发三相短路，造成设备厂家人员1人死亡、1人受伤，电力检修公司1人受伤。

二、事故分析

（1）工作票签发人未履行安全职责，生产准备工作不充分，作业现场组织混乱、失控。不熟悉现场接线，涉及工作地点保留带电部分（变压器侧隔离开关静触头带电）未填写所需警示内容。违反《安规（变电部分）》7.5.4"高压开关柜内手车拉出后，隔离带电部位的挡板封闭后禁止开启，并设置'止步，高压危险！'的标示牌"。

（2）厂家人员未认真核查现场危险点部位，错误地打开开关柜内隔离挡板，导致人身触电事故。

（3）工作负责人对带电部位不清楚，未认真核对现场安全措施。厂家人员曾提出有静电感应时，工作负责人却未认真思考，立即停止作业。

（4）变电站值班员盲目听从工作负责人的（柜内帘门不上锁）要求，未按照规定落实现场安全措施。

三、事故教训及对策

（1）工作人员超越工作票许可的工作范围，打开手车开关柜柜体隔板，触及带电部位。

（2）变电站所做安全设施不完整，安全围栏没有全封闭，带电部位柜体外应悬挂"止步，高压危险！"标示牌。

（3）工作票上电气接线图虽然注明了带电部位，但工作票"工作地点保留带电部分"栏中，未注明开关柜内变压器进线侧为带电部位。暴露出工作票审核、签发、许可各环节把关不严、不细。表现出决策者、组织者、实施者的配合能力差距，表现出工区领导不重视封闭式开关的修试作业，暴露出风险辨识和到岗到位的管控不力。

（4）加强对工作票签发人、工作负责人、工作许可人专题培训考核，提高对施工现场安全风险识别和防范能力。

（5）加强对外包施工队伍（设备厂方）进入变电站的安全培训和安全告知。审查外来人员的安全资质，了解外来人员的安全技能，要求正确使用劳动保护用品。

案例 3　开关柜 10kV 避雷器接线错误，检修人员触电死亡

一、事故原因

　　2010 年 8 月 19 日，某变电工程分公司在更换某 220kV 变电站 10kV Ⅰ段母线 TV 过程中，因手车式母线 TV 开关柜一次接线错误，检修班作业人

员触碰到 10kV 开关柜内带电的避雷器上部接线触头，造成 2 人死亡、1 人严重烧伤。

二、事故分析

（1）设备厂家提供的 10kV 手车式母线电压互感器柜 TV 和避雷器一次接线与设计图纸不符，将 10kV 母线避雷器接在间隔手车之后，直接接 10kV 母线上。导致拉开 10kV 母线 TV 隔离手车后，10kV 避雷器仍然带电。

（2）变电站值班员所做安全技术措施不完备，忽视了设备安装环节特殊的局部变化因素。

三、事故教训及对策

（1）违反《安规（变电部分）》7.1 "在带电设备上工作保证安全的技术措施"。对不明确的设备接线与有疑问的内部接线状态，工作负责人及工作人员未深入思考，三思而行。

（2）检修人员在高压开关柜内工作时验电不到位，工作中接触设备部位无接地线，也不警觉并加以分析原因。

（3）运维检修部组织的新设备验收不规范，变电站站长及值班员对特殊设备验收不细致。

（4）有关组织单位在设备招投标前未审查设备厂家的生产资质和信誉。全国的金属封闭式高压开关柜使用量大，设备质量存在的各种短板需要补齐；因此，设计、制造应有规范指标要求并进行标准化生产。

案例 4　检修工误入带电开关柜，触电伤亡事故

一、事故原因

（1）某 110kV 变电站 35kV Ⅰ段母线故障，确定 35kV 341 开关柜 A、B 相触头盒处放电烧损。检修班到变电站进行触头盒更换工作（35kV 341

断路器及线路为检修状态），工作班成员赵某（伤者）在无人知晓的情况下，误入相邻的仙霞343开关柜内（柜内下触头带电），现场人员听到响声发现其触电倒在343开关柜前，右手右脚电弧灼伤，送医院救治。

（2）2013年3月12日，检修班长带领班员清扫10kV 2号高压开关柜，完成清扫后，看到相邻的3号高压开关柜手车已经拉走，柜门开着，班长建议把3号柜顺便清理一下。李某认为不需要。王某不顾李某的劝阻，径直走到3号高压柜前，王某左手触及带电母线C相，抢救无效死亡。

二、事故分析

（1）工作人员自我防护意识不强，没有认真核对设备名称、编号就打开柜门进行工作，导致误入带电间隔。

（2）变电站值班员所做安全措施不完备，邻近的带电设备间隔未设置围栏和标示牌。

（3）工作负责人没有履行全过程的监护职责，未能掌控现场危险点，及时制止作业人员发生的违章行为。

三、事故教训及对策

（1）安全监察部对工作现场安全监督不到位，变电工区没有对关键点进行针对性巡视检查。3号高压开关柜手车被拉走，既未在柜门悬挂警示牌，也没把带电部位用围栏划出警戒区，留下严重的事故隐患。

（2）公司领导不能深入基层踏实工作，对安全层面的问题不了解，对发现的问题追责不严，违章现象屡禁不止。

（3）班长违章指挥，在未办理"第一种工作票"手续和验电情况下，提出清理3号高压开关柜，误导工作人员进入危险区域。而班组人员安全意识不强，警惕性不高，造成自我伤害。事实证明，安全意识强的员工发生事故的概率低；安全意识差的员工发生事故的概率高。

案例 5　固定螺钉脱落，电弧造成检修工与值班员伤亡

一、事故原因

　　1992 年 9 月 4 日，某 220kV 变电站，检修班 5 人持变电"第一种工作票"，检修 6 号断路器（已装设接地线）。6 号南隔离开关拉杆下端的螺栓脱落，因拉杆自重引起隔离开关自动合闸，造成 10kV 南母线短路 101 主进断路器过流跳闸，如图 5-3 所示。造成已经进入 6 号开关柜内工作的两人手部、面部（头戴安全帽，不然后果会更严重）被电弧灼伤，造成 1 名在开关柜外进行检查巡视的变电站值班员被电弧灼伤。

二、事故分析

　　（1）检修班班长、变电站站长准备工作不到位，在开工前没有认真查看隔离开关闭锁装置是否正常，没有进行危险点分析。

　　（2）变电工区质量管理、技术管理程序失误。开关柜设备安装、设备验收时没有发现存在的缺陷，设备维护不到位留下事故隐患。

三、事故教训及对策

　　（1）省电力公司《工作票、操作票管理规定》要求，高压室内开关柜的隔离开关机构闭锁存在问题者，应使用隔离开关绝缘罩，如图 5-4 所示。应重点交代带电部位及预防措施。在操作票中绝缘罩应视同使用接地线，应先验电后挂绝缘罩，并进行登记管理。

　　（2）隔离开关拉杆下端的螺栓脱落，失去机构固定作用。应从设计与质量源头查找原因，开关柜设备进货、安装、验收、运维各环节均应引起重视。

　　（3）变电站运行操作及检修人员现场工作均应对现场设备进行全面观察，关键部位进行仔细查看。针对狭小空间作业环境，易碰设备各部位产生的不良后果进行事故预想。

　　（4）老式敞开式高压开关柜存在（人身触电、防误操作、防小动物）各

类设计缺陷，应逐步更换为金属封闭式高压开关柜。

图 5-3　开关柜内三相短路烧损的设备

图 5-4　隔离开关操作机构防脱落的绝缘罩

第二节　高压开关柜原理及防触电措施

一、高压室的用途和设备分布

高压室是变电站的重要工作场所，是主变压器低压侧、中压侧向下一级母线供电的区域，母线运行后通过各条线路向用户供电。运行阶段高压室内工作的人员涉及输变电、用电、农电、设计、调度、物业维修等部门的员工。不同专业在高压室进行设备维护、检修、试验、清扫等工作，人员工作动态的危险性、可控性复杂多变。高压开关柜内的设备处于封闭运行状态，工作中的未知条件较多，是人身触电事故的多发区域，也是安全监督工作的重点。

高压室内主要设备有母线，断路器，隔离开关，接地刀闸，电压互感器、电流互感器、一、二次电缆、保护装置等设备，以及电缆沟、防火墙、防鼠挡板、门窗、消防器材、排风扇、空调、照明灯等设施。

二、高压开关柜的结构原理

高压开关柜在高压室内呈一字型排列，布置规范。每个相邻间隔紧密布置、互相隔离；每个间隔的上中下结构的设备布置互相隔离。因为视野局限不能一目了然，所以隐蔽性的高压危险点较多。开关柜内断路器、母线、线路电缆终端连接的导电回路，有铜排、铝排及导线分布空间。绝缘子和绝缘装置支撑柜内导电体回路的绝缘。柜体实用物体还有照明灯、加热器、防误锁、操作杆、隔板、柜门、分合闸装置、信号灯、保护装置等，如图5-5、图5-6（新设备安装）所示。由于高压开关柜工作环境布置狭小，设备结构复杂，运行设备的带电部位隐蔽性强，容易产生错觉。特别是在多班组同时工作时或零星作业人员不定时工作时，应进行全方位的安全监护、现场管控。

图5-5　高压室 10kV 开关柜分布

图5-6　基建工程新装 10kV 开关柜

三、高压开关柜防止人身触电的重点部位

根据事故案例指示的事故发生部位，如图5-7、图5-8所示。高压开关柜防止人身触电的重点部位，分为前门、后门、母线、避雷器、防误锁、手车隔离开关静触头、电缆终端等。在高压开关柜作业人员人身触电风险较大，同时也暴露出柜体设计、配件安装、带电显示、五防装置的某些缺点。

根据事故案例统计分析，检修人员、试验人员强制打开开关柜后门和隔板，为触电高发的诱导原因。其他原因还有：擅自解锁、监护失职、扳手打滑、新工人不清楚带电部位、固定螺钉脱落、避雷器引线设计错误、触碰静触头带电部位、移开安全围栏误入带电间隔等，如图5-9、图5-10所示。发生事故与现场各种工作有密切关联，如：设备检修、高压试验、设备测量、设备清扫、故障处理等工作。

↗ 图5-7 开关柜后面设备位置分布

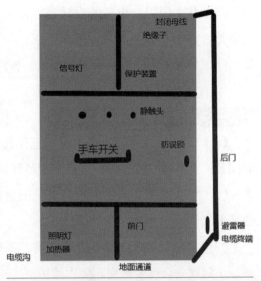

↗ 图5-8 高压开关柜触电防范重点部位示意图

↗ 图5-9 高压开关柜内人员触电部位

↗ 图5-10 高压开关柜内放电烧损的绝缘子

四、高压开关柜人身触电的原因

（1）装置原因：前后门的开启程序、防误锁使用、刀闸机械闭锁是否正常；

（2）管理原因：工作票签发人、工作负责人、工作许可人、班长履行责任是否到位；

（3）技术原因：设备的设计是否合理，可靠性是否达标，工作人员技术素质是否符合要求。

（4）领导原因：安全策划、投入、教育，现场作业点监督是否到位。

五、开关柜现场存在的问题

（1）检修人员主观上认为设备已经停电，等做好各项安全措施再工作，时间长；没有做好安全措施就进入现场开始工作，以致误碰带电设备；

（2）无人值班变电站的检修人员随意移动拆除安全标识，跨过围栏或单独从事工作；

（3）工作负责人未履行安全职责，工作人员兼做其他工作，认为熟悉设备，小问题一会就处理完，失去监护。

（4）工作票签发人签发的内容不翔实，安全措施不完备，静触头有电未填写。盲目安排工作负责人，班前会走形式，现场安全措施不落实。

（5）上级部门未进行风险辨识、风险管控，特殊环境工作时到岗到位。

六、开关柜现场工作时禁止事项

（1）不得用万能钥匙打开防误锁或强行用工具解锁；

（2）不得随意用卸螺钉的方法打开前后门；

（3）不得触动静触头防护隔板；

（4）不得在柜顶卸螺钉打开隔板；

（5）不得单独从事检修工作。

七、开关柜检修、安装时的安全措施

（1）工作前应仔细查看重点部位，对所有工作班成员进行安全警示、安全交底。达到人人熟悉《安规》要求、熟悉设备结构、熟悉工作程序、熟悉带电部位。

（2）开关柜设备检修时，应做好技术措施，防止突然来电、感应电、误入带电间隔。

（3）在各操动机构把手挂"禁止合闸，有人工作！"标示牌，通道两侧设围栏。

（4）必须两个人在一起工作，全程监护，不做与工作无关的事。

（5）工作前进行技术交底，禁止无关人员进入工作现场。

（6）设备间隔编号应正确、清晰并使用双重编号。

第六章

输电线路人身伤亡事故案例

高压输电线路是电力系统的重要组成部分。通过交换与分配方式，远距离输送电力电流、传输发电与用电之间的功率。输电线路主要由杆塔基础、杆塔、导线、绝缘子、避雷线、接地装置等组成。输电线路的运维检修的工作重点为：线路巡视、线路检修、倒闸操作、测量工作、砍剪树木、线路施工、带电作业等项目。输电线路运维检修过程应重点预防人身触电、倒杆断线、绝缘子闪络、高处坠落等事故。

第一节　输电线路人身触电事故

案例 1　砍剪树木安全距离不足，人身触电事故

一、事故原因

2014 年 12 月 23 日，某送变电运检公司巡视人员吴某、林某对 500kV 东大 Ⅱ 路进行巡视过程中，发现东大 Ⅱ 路 C 相 208～209 号杆线路边坡有超高树木，现场对树木进行砍剪，树木倒落过程中与东大 Ⅱ 路 C 相安全距离不足瞬间放电，导致吴某触电，经抢救无效死亡。

二、事故分析

（1）工作负责人准备不充分，临时性工作未进行危险点勘察。存在问题不汇报领导，无施工方案。

（2）工作人员仓促应对发现的问题，风险辨识和风险防控不到位。

（3）工区领导对各项临时性作业把关不严，不重视分散性作业风险预判，对作业人员缺乏联系沟通和安全教育。

三、事故教训及对策

（1）违反《安规（线路部分）》附录 G "电力线路事故应急抢修单"有关要求。运检公司对工作任务布置、现场风险勘察、带电部位距离和注意事项、补充安全措施、调度与运行的审查许可等程序缺乏执行数据。

（2）违反《安规（配电部分）》5.3.4 "为防止树木（树枝）倒落到线路上，应使用绝缘绳将其拉向与线路相反的方向，绳索应有足够的长度和强度，以免拉绳的人员被倒落的树木砸伤。"违反《安规（线路部分）》7.13 "在进行高处作业时，除有关人员外，不准他人在工作地点的下面通行或逗留，工作地点下面应有围栏或装设其他保护装置，防止落物伤人。"未对砍剪树木采取背离导线的倒落措施，造成预控移动工作目标（安全距离）的行为失效。

（3）全员的技术与安全培训流于形式。工程技术人员、作业班工人应掌握电力线路知识，熟悉所辖线路参数、电气特性、机械力学特性、线路检修项目要求等。

（4）基层领导应履职担责，常备不懈。谨记防止人身、设备事故的三个到位管理方法：①恶劣天气时到岗到位；②有重要操作任务到岗到位；③有检修工地时到岗到位。这样既做到了技术资源共享，又使管理者及时掌握工作实际情况，增加异常状态的应变能力和突发事件防控能力。

案例 2　巡线中因雷击断线，发生意外触电事故

一、事故原因

2013 年 6 月 22 日，雷雨天气，某 35kV 变电站 10kV 马衔线发生单相接地故障。供电站站长安排两组人员进行故障查线。第一组发现四岱岭支线接地故障点并隔离，试送 113 线 1~49 号段正常。第二组巡线人员 2 人返回时，在 113 线南星支线 16 号杆附近发生雷击断线，遭遇跨步电压 2 人意外触电死亡。

二、事故分析

（1）巡线过程的安全警惕性差，对异常情况反应迟钝，与断线点未保持安全距离（8m）。

（2）巡线人员雨天工作前的事故预想不充分。明知道路湿滑，并易发生雷击断线情况，巡线人员未穿绝缘靴。

（3）供电站安全防护用品配备不足，没有作为恶劣天气的工作必需品进行定置管理，随时备用，巡视前领导未进行着装检查。

三、事故教训及对策

（1）违反《安规（线路部分）》4.1.2"雷雨大风天气或事故巡线，巡视人员应穿绝缘鞋或绝缘靴；汛期、暑天、雪天等恶劣天气和山区巡线应配备必要的防护用具、自救器具和药品；夜间巡线应携带足够的照明工具。"雨中巡线道路湿滑，未穿绝缘靴，未做事故预想。

（2）参加巡线人员工作经验不足，供电所领导在布置工作前，未作安全教育及危险点交底。

（3）事故巡线应始终认为线路带电。即使明知该线路已停电，亦应认为线路随时有恢复送电的可能。巡线人员发现导线断落地面，应设法防止行人靠近断线地点 8m 以内，并迅速报告调度和上级等候处理。

案例 3 先拆接地线的接地端，造成感应电触电事故

一、事故原因

1986 年 9 月 17 日，某供电局线路工区三班，一成员在 220kV 线路停电检修结束，拆除接地线时无人监护，先拆接地端，因同杆双回路另一220kV 带电线路感应电触电而坠落受伤。

二、事故分析

（1）工作班人员操作时不遵守《安规（线路部分）》保证安全的技术措施的规定，随意颠倒拆除接地线操作顺序，使接地线带有感应电，造成人身触电。

（2）工作负责人失去监护作用，使工作班人员盲目进行误操作。

（3）供电局有关部门缺乏特殊环节的安全技术培训和考试，缺乏对现场薄弱环节的技术监督。

三、事故教训及对策

（1）违反《安规（线路部分）》3.4.5"装设接地线时应先接接地端，后接导体端，接地线应接触良好，连接可靠。拆接地线的顺序与此相反（先拆导体端）。装、拆接地线均应使用绝缘棒或专用绝缘绳。人体不准碰触未接地的导线。"工作班人员忽视了拆接地线时的危险因素：平行、交叉跨越、临近的线路都能对停电检修线路产生感应电。

（2）工程开工与收尾阶段是工作票签发人、工作负责人、安全管理人员应该特别关注的工作环节，应及时纠正工作人员的错误，帮助其提高工作技能。

（3）强化作业现场勘查（停电范围、保留带电部位、作业现场条件及危险点、安全措施、注意事项），根据现状合理配备施工人员和安全工器具。

（4）技术培训和安全教育要入脑入心，让岗位作业人员知道停电的线路为什么有感应电，同杆双回路 220kV 带电线路一条运行一条停电，通过电容耦合产生静电感应，停电的线路会被感应出一定的电动势。人体接触后轻者有麻电和刺痛感，重者就会发生触电事故。通俗地讲导线之间有电磁感应，环境空间有电容耦合，线路导线之间距离越近感应的电压越高（在 220kV 线路导线下方的地面打伞防晒，能听到伞内"嗞嗞"的放电声）。当人抓握电场中的导体时，带电导体通过电容耦合产生流过人体的持续工频电流，如图6-1、图6-2所示。所以，接地线是保障人身安全的重要技术措施。根据现场感应电测试，220kV 导线互相间的距离不同，感应电压约在 1~4kV，足以造成对人身的触电威胁，并且高空触电使当事人失去知觉后，可能造成高处坠落的二次伤害。

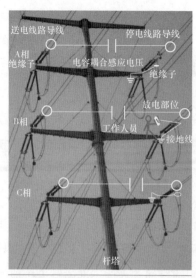

图 6-1 线路感应电原理及人身触电
示意图

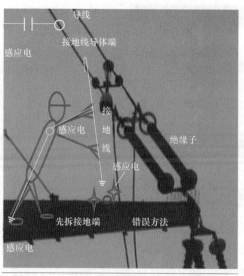

图 6-2 线路感应电原理及人身触电局部示意图

案例 4 线路运维施工，误登带电线路触电事故

一、事故原因

（1）2000 年 9 月 29 日，某送变电建设公司第 2 分公司第五施工队，在进行 220kV 输电线路施工中，1 名工作人员误登带电杆塔触电死亡。

（2）2005 年 2 月 26 日，某供电局线路检修班进行 110kV 孙鸡东线 1～15 号塔瓷绝缘子清扫、紧固导线螺栓工作。在 5 号杆工作的人员熊某告诉监护人："已擦完。"监护人就没有再监护熊某下塔，监护人开始检查 5 号杆的基础。很快听到放电声，抬头看见熊某倒在同杆运行的西线中相横担上，触电死亡。

（3）2007 年 1 月 26 日，某电业局在进行 110kV 岭牵Ⅰ线登杆检查和瓷绝缘子清扫工作时，发生一起检修人员误登平行、带电的 110kV 三岭线路 35 号杆，造成 1 人触电死亡事故。

二、事故分析

（1）工作人员大意，没有查看线路杆号和防止误登杆塔的双色警示牌，误登带电杆塔。

（2）工作负责人监护不到位，未告知危险点。工作负责人应知晓工作流程、工作重点、工作人员作业水平，做到心中有数，紧盯现场全程监督，及时纠正工作人员的错误。

（3）设备编号标牌悬挂位置不对，攀登人员不便于核对。

三、事故教训及对策

（1）线路工区应重点培训工作负责人的工作技能，培养工作班成员的执行力。使他们的责任心和组织能力加强。工作负责人应熟悉设备状态，了解班员能力和思想变化，能胜任分配的工作。

（2）运行线路应有线路杆号和线路名称双重编号，挂在杆塔脚钉处的显著位置，以便登塔时核对。

（3）在双回杆塔的上部三相杆体部位悬挂双色标牌（黄、红色）区分不同回路，以警示工作人员判断带电线路。

案例 5　领导管理失误，线路人员触电事故

一、事故原因

1988 年 10 月 1 日，某线路工区主任带领 10 名工人到 10kV 化肥 Ⅰ、Ⅱ回路，更换不合格的悬式绝缘子，未办理工作票。主任向工人交代了任务，提出了安全措施和要求，把人员分成两组即开始工作。一工人登到 Ⅱ化肥线 4 号杆横担上，先用尼龙安全带的铁环缓慢碰触 C 相导线，检验有无感应电，重复进行两次。他和在地面监护的安全员观察均未发现有放电火花和响声，在场的人员都认为线路不带电。该工人沿绝缘子串下去摘悬垂线夹的销钉，当碰触导线时，遭电击由 15m 高空坠落在地（未系安

全带），经抢救无效死亡。经查为化肥厂用电迫切要求临时接通送电，未向局生产技术部报告备案，擅自到调度所办理了线路送电手续，线路工区不知线路带电。

二、事故分析

（1）线路工区组织施工却无票工作，使调度值班员对线路运行状态无法把关，调度员不能限制线路工作错误。

（2）新上任的工区领导经验不足，对安全措施、人员的组织配合、安全注意事项没有安排交代。

（3）监护人、安全员在现场对错误方法不认识、不纠正，任其发展。

（4）工作人员技术素质较差，用安全带验电，不采用正确的验电方法（使用验电器），造成误判，线路有电而没有被发现。

三、事故教训及对策

（1）节日带班领导违章指挥，违反《安规（线路部分）》2.2.2"现场勘查应查看现场施工（检修作业）需要停电的范围、保留的带电部位和作业现场的条件、环境及其他危险点等。"工作人员采用错误的方法验电，违反《安规（线路部分）》3.3.1"在停电线路工作地段装接地线前，应先验电，验明线路确无电压。验电时，应使用相应电压等级、合格的接触式验电器。验电时应戴绝缘手套。"

（2）供电公司管理粗放，新设备的安装、验收、运行无程序批复和变化记录，运行方式的登记与电网安全管理出现薄弱环节。

（3）公司领导对职业资格审核、规章制度执行，教育培训，考试考核工作落实不到位，致使安全生产环节产生漏洞。

（4）开展事故调查分析，查清事故原因和损失，认定事故责任，对责任单位和人员进行处理，做到"四不放过"（事故原因未查清不放过、责任人未处理不放过、整改措施未落实不放过、有关人员未受到教育不放过）。

案例 6　监护人提醒，避免误登平行杆塔触电事故

一、未遂事故原因

1983 年 12 月 7 日，某供电局送电工区在电厂检修 110kV 安北线时，吴某误登平行运行的 110kV 安相线路 8 号杆，工作负责人看到险情，及时进行提醒，从而未造成人身触电事故。

二、未遂事故分析

（1）工作人员技术素质低，在危险环境工作思想不集中。

（2）工作负责人则尽职尽责，监护到位，及时发现和纠正了工作人员的危险动作，值得表扬。

三、未遂事故教训及对策

局领导要求对这次未遂事故研究带有普遍性的问题，提出反思意见：

（1）认真执行工作票制度。工作票的签发、填写、许可要认真负责，工作票所填内容要与现场设备相符。

（2）开工前工作负责人要向全体班员认真宣读工作票，全体班员要认真听讲。复杂的工作现场，工作负责人要抽查提问，特别是周围带电设备，完全弄清楚后，方可开始工作。

（3）严格执行监护制度。特别是在双回路、平行线路工作的负责人一定要认真监护，不得因任务紧而去干活。

（4）输配电线路的双回杆塔、平行线路杆塔、相邻线路，要用不同颜色进行区分，杆塔编号清晰正确。工作人员上杆前对编号确认无误后，方可登杆工作。

第二节　输电线路高处坠落事故

案例 1　现场培训急于求成，学徒工高处坠落死亡

一、事故原因

　　1983 年 1 月 1 日，某超高压输变电局新工人（21 岁，电建技校毕业 1 年的学徒工）随线路工区三班对葛武线 765～841 号塔段，进行施工质量检查。线路工区领导将从未参加过工作的新工人交给三班长进行现场培训，也未向三班长进行技术交底。三班长向他们讲解了登高、拆卸绝缘子、打安全带等方法和注意事项。新工人等三人便开始登塔，班长在塔前方 20m 监护，一新工人在横担上向右边相行走中，从高处坠落在稻田里，伤势严重死亡。

二、事故分析

　　（1）工作票签发人所派工作人员不适当。致使新参加工作的学徒工直接参加高处作业工作。

　　（2）工作负责人知道学徒工既无技术又无经验的现状，不培训、不观察、不询问是否适应高处作业，就直接安排登高作业。

　　（3）学徒工碍于身份和怯生心理，没有安全自卫意识，未向工作负责人说明暂时不适应高处作业。

三、事故教训及对策

　　（1）违反《安规（线路部分）》1.5 规定："各类作业人员有权拒绝违章指挥和强令冒险作业"。学徒工对自己暂时不能适应高处作业的情况，应向工作负责人说明并申请终止工作。

（2）线路工区领导安排学徒工仓促上班。违反《安规（线路部分）》1.4.1 "各类作业人员应接受相应的安全教育和岗位技能培训，经考试合格上岗。"

案例 2　员工身体健康原因，登杆作业中猝死事故

一、事故原因

　　2012 年 3 月 20 日，某供电公司配电所农电工林某（死者，54 岁）等 4 人，受班长的安排，按照调度中心下达的调度指令，持倒闸操作票进行 10kV 江田线 54～178 号杆的停电及装设接地线工作。林某对 114 号杆验明确无电压，在 A、C 两相装设了接地线后，准备装设 B 相接地线时，身体突然倒下，被安全带悬挂在杆上，现场进行抢救无效死亡。

二、事故分析

　　（1）工作人员对自身素质能否适应高处作业无把握，身体不舒服碍于面子，未及时告知工作负责人。

　　（2）工作负责人对工作班人员精神状态掌握不全面，未能及时发现异常情况。

三、事故教训及对策

　　（1）国网《安规（线路部分）》作业人员的基本条件，1.3.1 "经医师鉴定，无妨碍工作的症状（体格检查每两年至少一次）"。配电工区领导应关注每年职工体检表的结论，对年龄大且有慢性病的员工，不安排风险大、劳动强度大的登高作业。

　　（2）工作负责人（监护人）应正确安全地组织工作。工作前询问工作成员对登高工作的适应性，观察精神状态是否良好，发现异常情况及时调整工作。

　　（3）工作班人员应遵守劳动纪律，禁止酒后作业，疲劳作业。

案例 3　下塔、移位过程，发生高处坠落事故

一、事故原因

（1）新建的 110kV Ⅱ回 N61 塔进行测试线路参数。当完成 B 相测试后，检修一班的工作人员准备去解开 C 相接地线。他先解开扣在三角铁上的安全带（否则站不起来），站起来拿身旁的保险绳（在待命时已解开），这时他已失去双重保护。意外的是安全带不知何时松扣，当他站起来时安全带突然脱落，他身体失稳，突然大叫一声，不慎从 18m 高处坠落地面，抢救无效死亡。（2007 年 11 月 30 日，某 500kV 线路工程 1 名工人在上横担水平移动过程，踏空失足，从 33m 高处坠落地面，抢救无效死亡。）

（2）2006 年 3 月 17 日，输电部对 220kV 高楼线登塔巡视检查，某工人（24 岁）在 40 号塔下塔途中从 20m 处突然坠落，抢救无效死亡。（2002 年 3 月 28 日，500kV 梧罗线停电检修 1 名工人在下塔过程中不慎坠落死亡）

二、事故分析

（1）工作人员自我防范意识差，移动过程没有随机检查安全带各部位是否正常，没有考虑保险绳的作用。

（2）监护人监护不到位，高空作业中腰绳松扣、解开保险绳这些致命的细节，监护人未及时发现。

（3）施工方案危险点控制措施不具体，如：防坠落措施，只说明系好安全带，未说明随时系好保险绳。

三、事故教训及对策

（1）线路高处作业必须完成保证安全的组织措施和技术措施。工作人员不断移位时的工作细节应受到工作负责人关注。工作负责人要为安全工作创造条件，如：工作前的危险点交底，安全语言关怀，检查脚钉是否完好，安全带、保险绳、安全帽、穿软底鞋等细节关注。

（2）不断改进防止高处坠落的安全技术设施。220kV 及以上线路杆塔宜设置高空作业人员上下杆塔的防坠落装置等。

（3）工作人员在登塔、下塔过程、移位过程由于各种条件限制，安全带暂时处于解除状态，工作人员处于不断的移动状态。位移过程的抓握点、站立点没有规范的设计位置，全靠个人随机应变的处置。这一过程随机性大、临机变化多，是线路施工的危险点。同时，高空作业与地面作业不同，一个小的干扰、一个小的举动、一个小的失误，都可能产生严重后果。作业人员要集中注意力，做好每一个动作。在几十米的高处作业，特别是面对雨天湿滑、夏季高温、冬季严寒、大风摆动的特殊环境，高处坠落事故随时可能发生，作业人员只有靠自身优良的技术素质、坚定的安全理念，克服困难应对随机发生的危险。

案例 4　安全带挂钩封口弹簧失效，造成高处坠落事故

一、事故原因

1979 年 5 月 24 日，某局线路检修一班清扫 220kV 大新线，副班长在 240 号铁塔中相北侧跳线绝缘子串上工作时，因安全带的挂钩封口弹簧失效，平时工作他嫌安全带的保险套环不方便自行取掉，移动位置时不慎坠落死亡。

二、事故分析

（1）副班长安全意识淡薄，不重视安全带的保护作用，不进行安全带的维护保养。

（2）工作负责人（监护人）未督促、监护工作班人员遵守规程、正确使用劳动防护用品。

三、事故教训及对策

（1）违反《安规（线路部分）》7.10 "高处作业人员在作业过程中，应随时检查安全带是否拴牢。高处作业人员在转移作业位置时不准失去安全保护。"

当登上跳线绝缘子串后，绝缘子转动人易脱手。副班长当天工作情绪不佳，现场无人监护，以致造成安全带脱钩坠落。

（2）工作负责人未尽到安全责任。对人员精神状态不关心，安全带不检查，失去监护、指导、纠错的作用。

案例5　未及时发现绝缘子安装缺陷，造成人员高处坠落事故

一、事故原因

（1）2002年11月26日，某送变电公司在荆州1回线路展放导引绳的施工中，1名工作人员把安全绳拴系在铁塔横担下悬垂绝缘子串上，由于绝缘子存在无开口销子的缺陷，施工中突然脱落，致使工作人员与绝缘子串一起从高处坠落死亡。

（2）2002年5月15日，电建公司线路二班在110kV输电线路实施全线提高绝缘配置、加强防风偏、防鸟害、防雷等整治工作，解决线路频繁故障跳闸问题。在完成13号铁塔增加绝缘子后，准备拆除紧线器时，由于塔身与作业处距离较远，工作人员只能骑坐在绝缘子串上作业。施工人员将安全带系在13号铁塔C相绝缘子串上，绝缘子"U"形挂环与铁塔挂点处螺栓发生脱落，导致绝缘子串滑脱，致使骑坐在绝缘子上的工作人员坠地，抢救无效死亡。

二、事故分析

（1）施工单位对质量管理不重视，施工过程施工负责人缺乏全面到位的设备检查验收。线路施工时绝缘子少装开口销，发生人员意外坠落，属于设备缺陷原因造成的质量管理事故。如图6-3、图6-4所示。

（2）施工现场工作负责人工作前没有开展危险点分析，班前会的安全和技术交底没有记录。施工中工作人员未能对设备关键点进行安全检查，及时发现和消除隐患。

三、事故教训及对策

（1）13号铁塔C相耐张绝缘子"U"形挂环与铁塔挂点处螺栓没有安装开口销，因导线长期摆动造成螺栓、螺母向外滑移。在施工时该螺栓脱落，导致绝缘子串发生滑脱，工作人员从高空坠落。事故后还发现，该铁塔的A相耐张绝缘子串"U"形挂环没有使用规范的螺栓，螺杆长度不够。施工单位负责人应加强设备安装时质量监督，特别是每天关注设备安装关键点的检查。

（2）绝缘子与铁塔的挂接螺栓规格与安装工艺均不符合设计要求，监理单位对质量管理不到位，未尽到应有的监理职责。建设单位工程验收把关不严，埋下事故隐患。

图6-3 绝缘子"U"形挂环与开口销位置

图6-4 绝缘子"U"形挂环与开口销局部示意图

案例6 杆塔缺少脚钉，发生高处坠落事故

一、事故原因

（1）3月19日，某供电局送电工区进行220kV某线路春检清扫工作。工作人员登上该线路38号杆（杆上有固定的攀登用脚钉），检查完设备，清扫完绝缘子，拆除接地线后，解开安全带，从距地面20m横担处踩着脚钉下杆。在距地面12m处（因缺少1个脚钉）不慎左脚踏空，右臂顺势夹住一脚钉，坚持瞬刻。监护人呼喊并上杆救助无济于事，工作人员高空坠落，落地后昏迷，尚有心跳。监护人立即做人工呼吸，并电话联系救

助医院，诊断为内脏损伤脾脏破裂，经抢救无效死亡。

（2）10月19日，送电工区的3个检修班对330kV线路进行换绝缘子、调爬和清扫等综合检修工作。清扫完毕后，一工作人员从18号杆的南侧杆子下杆（27m Π型杆），当下至距离地面4.5m处，由于右手侧缺少两个脚钉（一个脚钉被盗，另一个脚钉杆上无孔位），于是将身子重心向左侧移动，在从单排脚钉向下换脚时，身体失去平衡，不慎从左侧脚钉处摔下。

二、事故分析

青年工人自我保护意识不强，发现缺少脚钉的缺陷后，不汇报监护人，未采取防止高处坠落的措施。

三、事故教训及对策

（1）装置性违章，安全管理有漏洞。自1975年线路投运以来，杆塔设计制度中缺少脚钉，一直没有引起基建部、线路工区领导的重视。送电线路脚钉、爬梯丢失严重，未制定出有效的防范措施和缺材补偿方法。

（2）送电工区在青年工人安全教育方面留有死角。春检前未对线路检修班人员进行登杆培训。

第三节　输电线路倒杆事故

案例1　未打拉线固定杆体，发生倒杆事故

一、事故原因

（1）违章指挥，不打拉线登杆。2001年8月14日，带电二班班长毕某带领4名工人在110kV渭三线，28号直线杆进行拆旧工作。27~28号杆西边两根导线仍在，28号杆向西南稍有倾斜。毕某让严某、侯某上杆，

两人提出异议，要求打拉线固定。毕某不听劝告，负气自己登塔，与杨某共同登杆拆除西侧架空地线及防震锤。线杆突然向西南倾倒，两人随杆倒下，抢救无效死亡。

（2）打拉线用尼龙绳替代钢丝绳。2001年11月24日，某电力工程公司在110kV石克线施工组立8号杆（21m∏型杆），由于吊车停放位置使8号杆东南方拉线无法打，故只打了其他三根拉线，东南方拉线竟然使用直径为24mm的尼龙绳，绕在一棵小树上两圈作临时固定拉线。在拆除起吊用钢索和起吊架过程中，线杆倾斜失控造成倒杆2伤2亡的事故。

（3）杆上有人工作先拆拉线。1985年3月24日，某电力局基建检修工区线路二班，在新建110kV线路开口工程组立四级杆，其中一基杆型为换位双杆，杆规格 $\phi300 \times 21m$（立杆埋深为1m），由副班长等9人去调直该基双杆。现场没有具体分工，王某主动登杆17m处，挂上上层拉线上把后，转移到杆的另一侧准备吊挂另一根拉线时，地面另两人将拉线下把拆除导致倾杆。王某随杆倒地，抢救无效死亡。

二、事故分析

（1）工作负责人指挥不当，现场分工不明，各项工作没有在现场主管的统一指挥下进行。

（2）作业人员安全意识淡薄，风险辨识能力不强。未重视拉线的固定作用，擅自拆除拉线，未考虑电杆稳定状态。

（3）责任单位各级领导及管理人员安全履职不到位，安全检查流于形式。

三、事故教训及对策

（1）违反《安规（线路部分）》6.3.14"基础未完全夯实牢固和拉线杆塔在拉线未制作完成前，禁止攀登"与6.3.15"杆塔上有人时，不准调整和拆除拉线"。应设专人统一指挥，工作前应先检查拉线、拉桩及杆根稳定性"。

（2）未认真进行施工方案、标准化作业指导书审核和执行。应加强现场管控，做到动态监控，闭环管理。

（3）加强安全培训和技能培训，认真进行岗位量化考核，严肃查处各类违章行为。

案例2　撤导线未设内角拉线，水泥杆倒塌事故

一、事故原因

1983 年 12 月 15 日，某高压工区进行 35kV 跳下线改造工程。高压所检修一班负责立 29 号杆，因内角临时拉线过高，将另一回 10kV 导线抬起，影响 10kV 线路送电，需要将临时拉线下放若干距离。当时已有 4 名工作人员在杆上作业，在下放临时拉线时，杆塔受力倒下，4 人随杆坠落 2 人重伤，2 人轻伤。

二、事故分析

（1）工作票签发人对现场勘查不细致，安全措施布置不完备。

（2）工作负责人面对送电线路存在的问题，处置方法错误，导致拉线松开后杆塔倾倒事故。

三、事故教训及对策

（1）违反《安规（线路部分）》"杆塔上有人时，不准调整或拆除拉线"。

（2）工作负责人既是施工的组织者，又是安全的监护者，施工的每个环节，工人操作的每个细节都应细致把控。

案例3　起吊人员操作不当，重心偏移造成人身重伤事故

一、事故原因

线路三班在起吊某新建 110kV 线路 4 号钢管杆（杆高 26m，杆重 8.3t）时，租用电力物资公司 40t 起重机整体起吊。当钢管杆基本就位后，因起

重机操作系统失灵，无法升降。又调来一辆25t起重机将钢管杆调起就位，当25t起重机与40t起重机吊点的受力转换过程中，已基本就位的钢管杆发生偏转摆动，碰到线路三班一工作人员的小腿上，造成右小腿胫、腓骨的骨折事故。

二、事故分析

（1）40t起重机司机有事离开，由其助手操作，经验不足，在起吊过程中操作系统失灵。

（2）施工指挥人员对两车的技术配合考虑不周，未考虑更换起重机后重心变化时，重物会发生偏移。

三、事故教训及对策

（1）违反《安规（线路部分）》6.3.7"使用吊车立、撤杆时，钢丝绳套应挂在电杆的适当位置，以防电杆突然倾倒。吊重和起重机位置应选择适当，吊钩口应封好，并应有防止吊车下沉、倾斜的措施。起、落时应注意周围环境"。

（2）开工前应将起重机报监理总工程师审查批准（车况、司机资质），不符合条件的司机禁止进入现场操作。

（3）现场起吊必须统一指挥、统一信号。施工方负责人应认真进行安全技术交底，加强对起重机司机的安全教育培训。

第七章

城市配网人身触电事故案例

城市配网是变电站连接用电客户的重要环节，是发电到供电能量循环的末端工程。城市配网主要由输电线路、配电站、开闭所、箱式变电站、电缆、断路器、隔离开关、变压器、计量装置、配电箱等设备组成，如图7-1、图7-2所示。电力设备管理体现出分散性，设备的安装、试验、验收、维护呈现多样性，人员作业操作技术呈现复杂性等特点。配电工区担负的任务，是对城市配网线路和变压器台区的电力设备进行操作、巡视、检修维护，缺陷检测与消除，突发性故障的应急处理。

↗ 图7-1　配电变压器及附属设备

↗ 图7-2　城市配网变压器台区局部

第一节　线路检修人身触电事故

案例1　施工时误判电缆接线，发生触电事故

一、事故原因

2006年3月23日，某供电公司配电区10kV电缆故障。一市政单位围墙翻修中，挖掘机将同路径敷设的两条电缆破坏，一路故障跳闸，一路受损。调度指令变电站值班员操作"西关一路水屯站侧的停电、验电、装设接地线"（西关二路未要求停电）。电缆运行班接调度指令后，工作负责人

组织7名人员进行电缆故障抢修（未办理事故抢修单）。发现电缆沟有两条受损电缆（东西并排），且均受到不同程度的破坏。在工作开始前，工作负责人只向其中的1名工作人员交代，两侧已停电并挂好地线，对其他人员未告知危险点。首先对西侧电缆（西关一路）进行绝缘刺锥破坏测试，验明无电后，完成了此条电缆（故障）的抢修工作。在处理东侧故障电缆时，工作负责人主观错误地认为，东侧电缆是西关一路并接的另一条电缆（实际是运行中的西关二路），在没有对东侧电缆（运行中）进行绝缘刺锥破坏测试验电的情况下，即开始抢修工作。进入坑内的3名工作人员在剥除电缆外护套、钢铠、填充料、内护套后，开始对其中C相的铜屏蔽层、半导电层进行处理。工作班成员陈某（28岁）在割破电缆绝缘后发生触电事故，同时伤及谷某（22岁），陈某经抢救无效死亡，伤者谷某在医院治疗。

二、事故分析

（1）配电工区主任及生产技术处长（抢修任务布置人）违章指挥，作业现场抢修未办理"事故应急抢修单"，未做好组织措施和技术措施，导致对运行电缆情况不明，盲目工作。

（2）调度管理不规范，下达错误的操作指令。生产管理混乱，导致电缆更名后，未登记，未在模拟图板上标记运行编号。事故电缆1994年8月投运时为同路双条，2003年11月电缆改造后分为两路（开闭站223间隔命名为西关二路，218间隔一条电缆更名为西关一路），上级电源变电站及调度模拟图板上双重编号一直未变更，未按调度批准书更改。

（3）电缆运行班无票工作，班长不进行现场勘查，遇到电缆排列隐蔽性的疑问，不认真分析或询问有关部门，而是主观臆断，割破运行电缆。

（4）工作班人员盲目冒险作业。在剥除电缆外护套时未核对图纸，验明无电压、使用铁钎接地等安全措施。

三、事故教训及对策

（1）土建施工方违反《安规（配电部分）》12.2.1.3 "为防止损伤运行电缆

或其他地下管线设施，在城市道路红线范围内不宜使用大型机械开挖沟（槽），硬路面面层破碎可使用小型机械设备，但应加强监护，不得深入土层。"

（2）电缆运行班施工时违反《安规（配电部分）》12.2.8 "开断电缆前，应于电缆走向图核对相符，并使用仪器确认电缆无电后，用接地的、带绝缘柄的铁钎钉入电缆芯后，方可工作。扶绝缘柄的人应戴绝缘手套并站在绝缘垫上，并采取防灼伤措施。"

（3）工程建设与运行管理严重脱节。电缆敷设竣工后多年，一直未明确产权和运行维护单位，未建立相关运行、维护资料。尤其是隐蔽性的直埋电缆没有电缆敷设的技术资料，造成工作人员对现场情况不了解，埋下事故隐患。

（4）供电公司安全监督不到位，对作业现场的违章行为查处和考核力度不够。

四、事故调查处理决定

事故发生后省电力公司根据《国家电网公司安全事故调查规程》，立即组织调查、分析，并提出处理意见。该公司召开紧急安全生产会通报事故情况，组织全体职工停产学习。批评该单位在开展"爱心活动"、实施"平安工程"的过程中，发生人员违章作业造成的触电伤亡事故，给受害人家庭带来了不可挽回的损失和伤害。暴露出公司安全生产检查不严、措施不实等问题；安全标准化作业流程流于形式，领导方法缺乏力度。

（1）给予主要责任者电缆运行班长留用察看两年处分，并罚款 20000 元。

（2）给予重要责任者公司总经理、党委书记、公司生产副经理、配电工区主任、电缆运行班成员行政记过处分，并罚款 10000 元。

（3）对管理责任者公司总工程师、配电工区安全员、生产技术处长、调度室主任、安全监督处长分别给予行政记过处分，并罚款 5000 元等。

五、事故后技术防范措施

（1）在工作电缆线路的两端，必须进行核对电源图后，执行停电、验电、放电、挂地线（或合接地刀闸）等措施。

（2）对于外力破坏或接头爆炸等可见明显故障点事故，必须对故障点进行充、放电确认，做好安全措施后方可工作。

（3）对于未见明显故障点的电缆，必须采取信号法加以判别，再使用绝缘刺锥确认无误后，采用先进的电缆切割设备施工。

（4）现场工作人员要做到危险点清楚，具备"三不伤害"的安全意识和技能。

（5）事故应急抢修工作，应协调处理好质量、安全与时间、进度的关系，工作负责人不得简化工作流程和安全细致要求。

（6）加强工区、班组的安全生产教育和培训工作。突出专业工作质量和安全要求，严格考核培训效果。

（7）电力电缆工作时，做好防止机械性伤害、窒息伤害、触电或电弧灼伤事故的发生。

（8）加强基础资料管理，重视配网运行图纸、资料的收集、归档工作。做好工程建设与运行维护的衔接，及时移交基础资料。确保图纸、资料与实际设备相符（电缆走向图、原始资料及施工、验收、运行、试验记录等）。

（9）加强配电网的电源管理，规范设备送电批准书编制和管理。加强对调度模拟图版、调度自动化系统接线图的核对，确保调度决策依据的接线图与现场设备实际相符。

案例2 约时送电，造成人身触电事故

一、事故原因

（1）1962年4月22日，某送电工区进行66kV线路停电检修，采用"约时送电"方法，造成2人感应电致残（1人截去两手一腿，1人截去两腿一臂）。停电检修的预定时间8:30～16:30，共5个组同时进行工作，发生事故的第一组共14人。送电工区材料员负责五个组的电话总联络。开工前材料员与班长约定16:20必须下杆，16:25不来电话即认为工作结束。班长同意约定，但未

通知本组人员。16:30 工作尚未完毕,班长慌忙打电话不要送电,材料员已离开电话机。同时 16:42 调度命令恢复送电,造成杆上工作的两人被电伤。

(2)2006 年 9 月 14 日,某供电所未履行相关报批手续,擅自组织为用户 T 接一台 80kVA 配电变压器施工。在台架、配电变压器、计量箱安装以及 T 接跌落式熔断器等工作基本完成后,工作负责人安排 2 名农电工准备送电事宜,并约定电话联系后再送电。此后,工作负责人在工作未完的情况下,违章擅自拆除了施工地点两侧接地线。送电的两名农电工见接地线已拆除,误以为工作完毕,用手机与工作负责人联系送电,但无人接听,便合闸送电。此时,另 2 名农电工正在台架上安装引线,1 名农电工用左手去拉开 A 相熔断器,准备接 A 相引线时触电死亡。

二、事故分析

(1)工作班无票工作,约时送电,不执行工作终结手续。

(2)工作负责人擅自拆除了施工地点两侧接地线,失去工作中防止突然来电的保护措施。

(3)送电工区、供电所领导管理松散,对"约时送电"行为不警惕、不制止。安全教育不足,对多班组工作工地缺乏必要的安全监督。

(4)调度员操作及运行管理失误。未得到班组工作结束人员撤离现场和全部接地线已拆除的真实信息(工作票应签字项目的落实)。未与调度记录核对无误,即下令送电。

三、事故教训及对策

(1)线路施工人员违反《安规(变电部分)》8.1 "线路的停、送电均应按照值班调控人员或线路工作许可人的指令执行。禁止约时停、送电。"

(2)线路工作结束时,调控人员应得到工作负责人的工作结束报告,确认所有工作班组已竣工,接地线已拆除,作业人员已全部撤离线路,与记录核对无误并做好记录后,方可向线路送电。

(3)改进调度发令的预备项目审查模式,改进线路工区工作票办理手续的完备条件和刚性执行。

案例3 现场管理混乱、交底不清，人员错误登杆造成触电

一、事故原因

（1）公司管理混乱。1998年4月9日，工作票签发人未进行工作现场勘察，工作票的图标示10kV南15号线路、16号线路均在河南岸开断（实际未断开），致使工作负责人误认为该线路不带电。因02号杆拆除导线在南墙外，检修三班徐某（工作票漏填徐某），翻墙过去开始登杆。监护人说："等一下，先验电。"但未能阻止徐某登杆。很快就听到放电声，徐某已触电从7m的高处坠落，经抢救无效死亡。

（2）走错带电杆位。1987年7月27日，某配电工区进行金翟线停电检修工作，开工前宣读工作票内容时，杨某因故未到。杨某和王某在16号杆工作，当从16号杆向20号杆转移时，走错到与其相邻的塘宫43号杆下（带电）。2人没有核对线路名称及杆号，便登上带电的塘宫43号杆，杨某触电从9m高处坠落，经抢救无效死亡。

（3）违反劳动纪律。1981年7月24日，某服务公司施工队进行配电线路处理倒杆断线工作。施工队负责人布置该10kV线路51号～54号杆间的检修任务，施工交底时还讲明54号杆东侧带电运行。因现场秩序混乱，使许多人未能听清交底内容。16时张某在无人监护的情况下，未验明无电即开始工作，登上54号杆，未系安全带，手碰东侧的带电导线，从12m杆上坠落，经抢救无效死亡。

（4）无票工作仓促作业。2004年3月11日，某供电所对前常台区进行避雷器拆除工作。根据当天工作内容，应拉开121号主干线沱河支线前常分支线，工作班成员却只断开四铺变121号干线064号杆线路跌落式熔断器。姬某误以为前常台区电已停掉，在没有办理"两票"、没做安全措施、没带任何安全器具和登高器具的情况下，由监护人托着爬上了变压

器台，在进行操作时触电坠落，经抢救无效死亡。

（5）停电操作错误，误登带电线路。2006年4月13日，某电力公司变电站进行10kV敖背线前窝支线5号杆的缺陷处理。工作负责人安排33号杆支线T线杆熔断器进行停电，但是，工作人员却错误到达敖背线31号杆支线处拉开熔断器。工作负责人来到前窝支线5号杆（未停电），安排乔某登杆，王某负责地面工作。在没有验电、挂接地线的情况下，当乔某登5号杆工作位置，系好安全带，开始工作时线路C相导线对其放电，经抢救无效死亡。

二、事故分析

（1）公司生产程序管理混乱，造成安全局面失控。

（2）工作票签发人未勘查现场，凭经验办事。

（3）工作负责人技术交底不清楚，未全方位进行监护。

（4）工作人员的岗位技术素质、职业安全水平与现场实际工作要求有较大差距，采用错误的工作方法、错误的思路进行作业，没有完成任务却造成了个人伤亡和重大经济损失。

三、事故教训及对策

（1）违反《安规（配电部分）》"3.保证安全的组织措施""4.保证安全的技术措施"。对工作的勘察、许可、监护、人员组织、安全警示等缺乏全面的部署。工作票签发人在签发工作票前，应进行现场勘察，并进行风险评估。对存在触电、高处坠落、物体打击、误操作、机械伤害、特殊环境作业等存在的危险因素，书面提出预控措施并闭环整改。

（2）安全监察部未认真开展反违章安全检查。包括：作业点围栏及安全标志应齐全，正确使用个人劳动保护用品，工作票各种人员的安全职责落实情况，设备缺陷及施工工具等项目存在的问题。发现现场严重违章后，应进行原因分析，现场教育，纠正当事人的错误行为。并对工作负责人进行处罚，到安全监察部说清楚。

（3）针对重复性多发事故特点，供电公司应落实风险管控措施，做好人员培训考核、人员安排、任务分配、安全交底、施工组织等风险管控。安全检查应深入细致，包括审阅班前会记录及安全技术交底是否有针对性，人员精神状态及应知危险点考核等。

第二节　操作方法错误，造成触电及坠落事故

案例 1　高压熔断器用铝丝代替熔丝，造成人身触电

一、事故原因

2006 年 8 月 15 日，某供电所所长带领 2 名农电工处理村机井石板闸上端接线发热故障。首先拉开了变压器跌落式熔断器，并在 1 号低压杆挂接地线 1 组，然后到机井房处理石板闸接线松动缺陷。工作完毕后，3 人返回变压器处，农电工刘某登上变压器台阶，随后触电后落地，抢救无效死亡。检查发现本村电工私接铝丝代替熔丝，造成跌落式熔断器拉开后 B 相仍带电。

二、事故分析

（1）工作人员工作前未进行验电、未装设接地线，未采取保证安全的技术措施。

（2）作业现场没有设立监护人，高空作业未使用安全带。

三、事故教训及对策

（1）该变压器 B 相跌落式熔断器 B 相保险管内并无熔丝，当三相跌落式熔断器拉开后，B 相仍带电（本村电工私接铝丝代替熔丝），但工作人员未发现这一情况。刘某上变压器台阶的目的是想检查一下高、低压套管接线端螺丝是否松动，造成触电死亡。

（2）工作负责人应加强工作安全监护，进行工作前危险点告知，及时阻

止工作人员的违章作业。

案例 2　用普通钢丝钳验电，触电死亡

一、事故原因

　　1985 年 4 月 23 日，某供电局因（10kV）524 线路多次跳闸进行查线，处理故障点后仍有隐蔽故障点存在。配电工区组织人员去查线路柱上油断路器，上杆前电话询问调度，停电措施已完成。一线路工上杆验电，先用普通钢丝钳接触断路器引线 A 相无电，当接触断路器 B 相时，因用户变压器低压侧串线带电，该线路工触电死亡。

二、事故分析

　　（1）配电工区领导不注重安全工器具的配备和管理使用，设备检修过程对工作班人员安全作业的要求不严，缺乏现场安全监督。

　　（2）监护人不及时制止工作人员的错误行为，未尽到安全职责。

　　（3）工作人员使用普通钢丝钳验电，是自身存在的不良习惯，一直缺乏安全技术培训。

三、事故教训及对策

　　（1）用普通钢丝钳验电、用尼龙安全带的铁环触碰验电方式，教训深刻。违反《安规（配电部分试行）》4.3.1 "配电线路和设备停电检修，接地前应使用相应电压等级的接触式验电器或测电笔，在装设接地线或合接地刀闸处逐相分别验电。室外低压配电线路和设备验电宜使用声光验电器。"

　　（2）监护人在工作前应对全体人员进行安全与技术交底，并全程监护，杜绝失职行为。

　　（3）配电工区应对青年工人进行安全技术培训，提高技术水平和防范风险能力。

案例 3　变压器检修时，误碰带电部位触电事故

一、事故原因

（1）1997 年 5 月 4 日，某配电工区变维班高某，在处理公用变压器跌落式熔断器缺陷时，独自登杆，不系安全带，不戴安全帽，不使用任何安全用具，直接用手挂跌落式熔断器，触电后从 3m 处坠落，头部受伤死亡。

（2）2005 年 9 月 21 日，某供电公司为用户进行增容改造，在原 125kVA 专用变压器后侧增设一台新的 200kVA 变压器。原专用变压器的跌落式熔断器被取下停电。在未办理工作票手续，对危险点未进行分析，安全交底不清情况下，工作负责人安排工作班成员刘某登杆安装横担，触及头上带电的 10kV 线路，抢救无效死亡。

（3）2006 年 8 月 18 日，某供电所 10kV 外桐 152 线因雷击造成单相接地，供电所所长安排王某（死者）带领四名工作人员巡线。王某认为富峰电站变压器有故障，决定对该变压器进行绝缘测试。王某在未采取任何安全措施的情况下（验电器、操作棒和接地线放在现场的汽车上），就去拆变压器的高压侧端子，造成触电死亡。

二、事故分析

（1）工作负责人不办理工作票，违章作业，留下事故隐患。

（2）工作人员对作业现场的带电部位不清楚，无防范意识，采用错误的方法进行作业，导致触电事故。

（3）配电工区对员工安全教育培训不足，对作业点的检修工作缺乏必要的安全监督。

三、事故教训及对策

（1）在变压器台架上进行检修工作，必须办理工作票，完成保证安全的

组织措施和技术措施。

（2）变压器停电操作的顺序：先拉开低压侧隔离开关，后拉开高压跌落式熔断器，然后在变压器高压引线上和低压侧隔离开关的线路侧验电、挂接地线。

（3）操作跌落式熔断器时，必须使用试验合格的绝缘棒并戴绝缘手套。

（4）加大反违章力度，使每位员工思想上高度重视技术细节，遵守劳动纪律。

案例 4　清障砍树时，枯枝折断人员摔成重伤事故

一、事故原因

1984 年 1 月 13 日，某供电站清除线路障碍物，工作班人员李某等人去一中学围墙外低压线下砍剪树枝。李某上树后，在由下至上逐一砍去有碍线路的树枝，砍完后丢下砍刀往下爬，准备踩着竹梯下地。当双手攀住树杈，脚踩不着梯子时，人即悬空。见一枯枝便脚踩该枝，手攀另一嫩枝，人体重量集中在枯枝上，枯枝折断。人从 5m 处摔下，胸腔撞伤，脊椎骨三处折断，构成重伤。

二、事故分析

（1）工作负责人监护失误，未能及时发现和制止李某的错误工作方法。

（2）工作班人员对危险点判断不准确，工作经验不足，安全意识不强。

三、事故教训及对策

违反《安规（配电部分试行）》5.3.7"上树时使用安全带，安全带不得系在待砍剪树枝的断口附近或以上，不应攀抓脆弱和枯死的树枝；不得攀登已经锯过或砍过的未断树木。"

第三节　人员触电后成功进行现场急救

案例 1　操作失误，"跨步电压"造成水田内人员触电

一、事故原因

（1）某配电班工人李某上杆操作，拉开 10kV 线路分支跌落式熔断器 B 相有微小弧光，拉开 C 相弧光很大，熔化的铝液滴在他手上。由于他心里害怕，从 5m 高处往下跳两脚先着水田，人遭跨步电压触电休克。监护人见状立即冲进水田，但感到麻电，赶紧退回田埂。2min 杆上弧光消失，被同事抬出水田的李某脸色发紫。现场采用看、听、试的方法判断伤者的生命体征。采用"仰头举颏""口对口吹气""胸外心脏按压"的方法，循环抢救 10min 他才脱离危险，如图 7-3、图 7-4 所示。

（2）某电业局 10kV 线路 24 号杆，1 工人因操作不当，造成带电侧熔丝断头与熔断器抱箍相碰，致使水泥杆带电。为躲避下落的火星他紧急下杆。当左脚落地，右脚仍在杆上脚扣内的一刹那，发生了接触杆身跨步电压触电，头部朝下翻入水田。监护人见状立即下水救助，当他走到距电杆 3m 处时，也被跨步电压击倒，仰面倒入水田中，两人生命危险。凑巧被

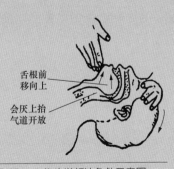

图 7-3 仰头举颏法急救示意图

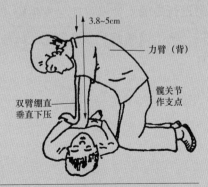

图 7-4 胸外心脏按压法急救示意图

路过的电工胡某看到，熔断器上仍有很大的放电声，他不敢贸然去救，等火花和放电声音消失后，才迅速下水田救人。胡某用掐"人中"穴位、"口对口吹气"和"胸外心脏按压"的方法将触电人员救活。

二、事故分析

（1）未办理"事故应急抢修单"，无明确的工作负责人（监护人），造成现场管理混乱。配电班工人拉 10kV 线路分支跌落式熔断器时，对线路运行数据不了解，因为线路负载大，造成弧光接地（应先拉开配电变压器低压侧的负荷）。

（2）管理人员未及时到位，工人违规操作，造成 24 号杆带电侧熔丝断头与熔断器抱箍相碰，致使水泥杆带电。

（3）农电所管理粗放，忽视对员工的技术指导和安全培训。没有严格执行倒闸操作规定，经常在水田操作，作业环境特殊，没有采取针对性安全措施和人身安全防护。

三、事故教训及对策

跨步电压原理及技术防范：①当高压线一相触地时，电流以触地点为圆心，向外扩散，在 20m 以内的同心圆上有不同的电位，地面上水平距离为 0.8m（人体两脚）的两点间的电位差，称为"跨步电压"。②人体与触地点越近对地电位就越高，人体与触地点越远对地电位就越低。如果导线落地后，在附近行走的人员就可能会发生跨步电压触电。意外进入该区域后，应双脚并拢，跳出该区域。③进入该区域救人应穿绝缘鞋、戴绝缘手套，使用绝缘工具。

第八章

农村电网人身触电事故案例

　　农村电网管理范围全面、复杂、多变，服务范围呈现多样性。县供电企业的生产功能特点有：①电网安全。涉及电网规划、结构、可靠性、调度控制等方面。②设备安全。涉及变电设备、输配电设备、电力设施保护等方面，如图8-1~图8-4所示。③供电安全。涉及业扩报装、计量、用户侧、农村用电、双电源及自备电源安全等方面。

图 8-1　农电线路、断路器等设备

图 8-2　变电站 10kV 母线设备及接线

图 8-3　变电站主变压器及 35kV 设备区

图 8-4　农电 10kV 线路电缆及断路器

第一节　设备维护检修时人员触电事故

案例 1　打开箱变计量柜门看铭牌时触电死亡

一、事故原因

（1）2010 年 9 月 26 日，某县供电公司客服中心及施工单位人员，对用户新装箱式变压器进行验收。计量中心一名职工在无人监护状态下，违章打开箱式变压器计量柜门，查看高压计量装置铭牌时触碰带电部位，触电死亡。

（2）2005 年 6 月 22 日，计量班班长带人到商业街安装计量表计。班长进入高压配电室来到计量柜前，询问黄某（非电工）设备有没有电，黄某答："表都没装，怎么会有电！"李某一人走到高压计量柜前，打开计量柜门（门上无闭锁装置），蹲下将头伸进柜内（查看柜内设备安装情况及互感器铭牌），高压计量箱带电部位当即对李某放电，后抢救无效死亡。

二、事故分析

（1）工作负责人现场验收未召集有关人员开班前会，进行危险点告知，交待注意事项。验收过程对工作人员的违章行为管理失控。

（2）客服中心的工作无计划，设备未验收，擅自对箱变进行搭火，未经变更设计擅自变更供电接线。

（3）客服中心对业扩报装管理流程执行不到位。对用户报装工作流程没有进行有效监控。

三、事故教训及对策

（1）工作人员违反《安规（配电部分）》3.3.3 表 3-1 高压线路、设备不停电时的安全距离（10kV，0.7m）。

（2）客服中心领导管理粗放，工作负责人及工作人员技术素质低。

（3）计量班长询问黄某（非电工）设备有没有电，作为工作依据，表明班长的职业技术素质与岗位要求相差甚远。设备有无电压应该通过验电来判断，是防止误入带电间隔的方法。

案例 2　测量线路档距，抛卷尺触电事故

一、事故原因

（1）2004 年 9 月 24 日，某供电站对 10kV 范家线档距进行复测。工作人员杨某和王某负责测量 10kV 五台北沟分支线，使用测量工具为皮卷尺（长 50m），后又接 30m 带有软钢芯的绳尺。在准备测量 7—8 号杆档距时，由于在两杆中间有一条小河穿过，杨某用一块小石头绑扎在绳尺一端，左手握另一端向河对岸抛去，由于偏离方向，将带有软钢芯的绳尺抛到 7—8 号杆之间的 10kV 导线 A 相上，造成杨某触电，经抢救无效死亡。

（2）某勘探设计院测量 6kV 线路与通信线路交叉跨越距离，测量人员为了方便，采用皮卷尺栓石子抛物的方法进行测量。被测处有一 6kV 线路，支线电杆上装有柱上断路器。测量者将尺带抽出 20m，尺盒放在地上，尺头栓一块石头向导线抛去。当尺带落到 6kV 线路导线上时引起相间短路，造成线路跳闸停电（未发生人身触电事故）。

（3）设备安装三班在某变电站进行 110kV 间隔进行设备安装工作，工作负责人与工作班人员测量母线隔离开关至母线的距离。工作负责人爬上 2.5m 高的隔离开关构架将皮卷尺挂在绝缘棒端部，将绝缘手套垫在手中（未戴在手上），举起绝缘棒逐渐接近 110kV 母线 A 相时，产生放电电弧将皮卷尺烧断。手持皮卷尺另一端的工作班人员触电衣服起火。两人分别从隔离开关构架上摔下，导致工作班人员重伤，工作负责人轻伤。

二、事故分析

（1）工作人员对测量工具结构原理处于无知状态，（皮卷尺内被编织进6根直径为0.1mm的细铜丝，用于防止拉伸变形影响测量精度），使用中忽视了可能接触高压线路（高压设备）的危险性。

（2）工作负责人对违章不制止，导致皮卷尺对线路和设备放电事故。

三、事故教训及对策

（1）违反《安规（变电部分）》16.1.8"在带电设备周围禁止使用钢卷尺、皮卷尺和线尺（夹有金属丝者）进行测量工作"。违反《安规（配电部分试行）》3.3.3 表3-1 高压线路、设备不停电时的安全距离（10kV，0.7m）。

（2）工作负责人及测量人员对皮卷尺内部结构不了解，没有预判到临近带电部位抛物隐藏的风险。（产品说明书第一条说明：尺内有径向导电铜丝，禁止与带电物体接触。）

案例3　同杆塔双回线清扫绝缘子，误入带电区域触电事故

一、事故原因

2004年10月27日，某检修班对10kV郝箕南线进行停电清扫绝缘子。（郝箕南线和郝箕北线是同杆塔架设的双回线，郝箕南线停电，郝箕北线带电运行）。工作人员赵某登杆时不戴安全帽，不系安全带，赵某将郝箕北线下线的警告红旗拆下后，踩着下横担向带电的郝箕北线导线侧移动，当赵某距中线0.5 m处准备抓导线擦绝缘子时（误判断、误入带电区域），导线对人体放电，赵触电后从塔上15m高处坠落地面，经抢救无效死亡。

二、事故分析

（1）工作票签发人未进行现场勘查，对临近带电部分未采取安全措施，

签发了内容不符合实际的工作票。

（2）监护人未列队宣读工作票，也未进行危险点交底。监护人放弃对赵某监护，在杆下做登下一基杆塔的准备工作，失去监护职责。

（3）工作人员思想不集中，超出工作范围，未保持与带电设备的安全距离。

三、事故教训及对策

（1）违反《安规（变电部分）》5.1.4 表 1 设备不停电时安全距离（10kV，0.7m）如果风险不可控制，工作票签发人应采取停电措施。

（2）工作人员对任务不清楚，对带电运行还挂有警告红旗的郝箕北线，竟然拆下警告红旗清扫绝缘子，造成误碰触带电线路。

（3）对同杆塔架设的停电线路绝缘子清扫工作危险点预判不实。监护人对赵某违章登杆作业毫无反应，不批评、不制止。

（4）防止误登带电线路的措施：①每级杆塔应设识别标记（色标、判别标记）和线路名称、杆号；②工作前发给作业人员相对应线路的识别标记；③经对停电线路的识别标记和线路名称、杆号无误，验明线路确已停电并挂好接地线后，工作负责人方可宣布开始工作；④作业人员登杆塔前应核对停电检修线路的识别标记和线路名称、杆号无误后，方可攀登；⑤登杆塔和在杆塔上工作时，每级杆塔都要设专人监护。

案例 4　用户低压线路反送电，高空作业触电事故

一、事故原因

（1）路灯线路定时器自动送电。2006 年 6 月 29 日，某供电站进行低压线路所带负荷调整转接工作。工作负责人与工作班成员等前往现场勘察后，开出线路第一种工作票。但是，遗漏了同杆架设的路灯线路存在定时器自动送电的情况。工作票中没有对路灯线路提出"停电和挂接地线"的技术措施。工作班成员在上乾村 A 配电变压器的低压线路工作时，因路

灯线路突然来电，触碰带电部位造成触电死亡。

（2）用户私接电源反送电。1995年9月29日，城关供电站对400V线路62号杆进行更换电杆工作，未断开支线配电变压器高压熔断器和低压断路器就登杆工作。工作人员在拆除62号杆导线时（未戴安全带），由于用户私接电源反供电造成工作人员触电，从7m高空摔落地面死亡。

二、事故分析

（1）工作票签发人未作保证安全的技术措施，安全管理严重失职。

（2）工作负责人施工现场勘查不到位，安全措施的布置考虑不周到，未断开应操作的断路器和隔离开关（各方面电源）。未发现施工现场隐藏的危险点。

（3）工作人员自身防护意识淡薄，对工作场所应停电、验电、挂接地线没有提出补充安全措施要求。

三、事故教训及对策

（1）违反《安规（配电部分）》4.2.7"低压配电线路和设备检修，应断开所有可能来电的电源（包括解开电源侧和用户侧连接线），对工作中有可能触碰的相邻带电线路、设备应采取停电或绝缘遮蔽措施。"供电站对线路设备的技术管理不规范，对用户自备电源反供电的现象查处不力。

（2）违反《安规（配电部分）》2.2.1"在多电源和自备电源的用户线路的高压系统接入点处，应有明显的断开点。"工作班人员对反送电的危害认识不足，未能互相提醒采取针对性技术措施。

（3）目前无论城市还乡村自备发电机增多，对低压配网反供电的概率增加，要从组织管理和技术措施两方面入手，从源头抓起，杜绝反供电源的事件发生（例如：1996年10月23日，某供电所工作人员在10kV 32号杆工作，未取分支配电变压器熔断器，因用户私接电源，经变压器返供电至导线上，导致触电死亡）。

案例 5　紧急处理故障，擅自行动造成触电事故

一、事故原因

（1）2004 年 6 月 21 日（凌晨），某台区低压线因暴风雨断线，10kV 变压器的高压熔断器熔断。供电站工作负责人带领工作人员李某到现场处理事故。李某在未经工作负责人许可，没有履行工作票程序，无人监护的情况下擅自工作，不慎触电死亡。

（2）2005 年 8 月 18 日上午，某供电局一条 10kV 线路发生单相接地故障，由工作负责人王某带队巡线，当巡视检查到一座并网的小水电站升压变电站时，王某在没有采取任何措施，也没有与其他人员打招呼情况下，就爬到 10kV 配电变压器上，触电死亡。

二、事故分析

（1）工作负责人处理设备故障时，布置的安全措施不完善，未进行安全措施交底和危险点告知，监护不到位。

（2）工作人员不熟悉工作流程，不明确工作中的危险点，擅自工作违反劳动纪律。

三、事故教训及对策

（1）针对县供电企业小型施工作业点分布广，职工技术素质需要尽快提高，以适应快速发展的电网各方面需要。企业应认真开展作业安全风险管控工作，结合实际经常向全体员工宣传应急知识，开展应急培训，做到"三不伤害"。

（2）加强人力资源培训教育和生产物资的标准化管理，合理安排人力、物力，做好作业前的充分准备。

（3）市供电公司策划进行市、县输变电设备运维检修一体化管理，系统梳理生产作业工作流程，明确作业计划、作业准备、作业实施和监督考核每个环节保障安全的具体要求。夯实企业安全管理基础，补齐技术短板，做到

人力、技术、信息等资源共享，提高生产效率和本质安全水平。

第二节　误操作造成人身触电事故

案例 1　接地端脱落，装接地线过程触电

一、事故原因

2014 年 4 月 8 日，某县供电公司进行 10kV 酒厂 06 线 2 号台区低电压改造工作。工作负责人刘某（死者 40 岁）和工作班成员王某在倪岗分支线 41 号杆装设接地线两组。其中一组装在同杆架设的废弃线路上（酒厂分支，事后核实该废弃线路实际带电）。两人均误认为该线路废弃多年不带电，王某在杆上未验电就直接装设（酒厂分支）接地线。接地线上升拖动过程中，接地端的桩头不牢固而拔出地面。地面监护人刘某未告知杆上人员，即上前恢复拔出的接地端的桩头。此时王某正在杆上悬挂接地线，由于该线路实际带有 10kV 电压，王某感觉手部发麻，随即扔掉接地棒。因垂下的接地线此时靠近刘某背部（接地线未接地），随即触电倒地，抢救无效死亡。

二、事故分析

（1）工作票签发人未进行现场勘查，在不掌握现场相邻设备带电的情况，错误签发工作票。

（2）现场作业人员未验电就装设接地线，线路有电而没有被发现。接地线装设不规范，造成接地端被拔出地面后，失去接地线的保护作用，进而发展为人身触电事故。

三、事故教训及对策

（1）违反《安规（配电部分）》4.1 "在配电线路和设备上工作，保证安

全的技术措施。停电、验电、接地、悬挂标示牌和装设遮栏（围栏）。"

（2）设备管理工作存在严重漏洞，线路图纸与实际不符，设备标识不完善，客户线路与公司线路同杆架设存在的运行风险不清楚，属严重管理违章。

案例 2　农网带负荷拉隔离开关及"接触电压"人身事故

一、事故原因

2012 年 8 月 26 日，某县供电公司检修人员到 10kV 青和线史桥支线 1 号杆（10m 直线杆）停电操作。因早晨露水大，郑某坐在汽车内，姚某一人带上绝缘操作杆、安全带和安全帽，独自登杆操作。在 10kV 青和线 002 号断路器未断开情况下，带负荷先拉开 10kV 青和线史桥支线 1 号杆隔离开关（GW9-10/400 单极）在拉开 A 相隔离开关时，产生弧光导致 A 相绝缘子（靠电源侧动触头处）击穿并通过电杆接地（空气潮湿易导电）。在电杆上操作的姚某从 2m 高处赶紧下杆，姚某下杆后，郑某看到杆上没有冒火（拉弧已 8min），对姚某进行触电急救，抢救无效死亡。据事故后司法部门检查发现死者左肩胛部及左足底根部分别有电流斑。

二、事故分析

（1）操作人姚某在电杆上属于单人操作，失去监护和指导，造成带负荷拉隔离开关。

（2）工作负责人不填写操作票，不进行操作监护，不预判操作风险。在青和线 002 号断路器未断时，拉开 A 相隔离开关造成弧光接地，操作人触电死亡。省电科院现场测试分析，认为姚某下地后左肩胛部触碰到已带电的钢筋混凝土杆，此时钢筋混凝土杆上部金属横担与电杆固定处已被电弧击穿。通过电杆钢筋的故障电流达 125A，电压高达 4100V，使人体承受致命的接触电压。

三、事故教训及对策

（1）违反《安规（变电部分）》倒闸操作的基本要求。5.3.6.1"停电拉闸操作应按照断路器（开关）→负荷侧隔离开关→电源侧隔离开关的顺序依次进行，送电合闸操作应与上述相反的顺序进行。严禁带负荷拉隔离开关"。

（2）违反《安规（变电部分）》5.3.6.13"单人操作时不得进行登高或登杆操作。"特殊的潮湿环境进行操作，现场危险因素增大，监护人却坐在汽车里，操作人独自登杆操作，但未采取针对性安全防护措施。操作人用绝缘操作杆带负荷拉 1 号杆隔离开关 A 相时，当时因露水大，产生弧光导致 A 相绝缘子击穿通过电杆单相接地，杆上的金属横担与杆的接触点处被电弧烧穿一个大洞。事故发生后 1h，事故电杆摸上去还有较大的热度。经询问当地村民得知，事故前一天曾下过大雨。电科院测试后预计：混凝土在干燥状态下的电阻率为 12000 ~ 18000 Ω/m，在饱含水分状态下的电阻率为 40 ~ 55 Ω/m。

（3）事故前青和线的负荷电流约 26A，在 10kV 系统 A、B 两相异点接地短路，流过青和线 A 相的最大电流实测值为 125A，该电流未达到线路各级过流保护的整定值，因此断路器未动作切断故障点。

案例 3　使用绝缘棒撬隔离开关触头，造成设备短路

一、事故原因

1994 年 9 月 20 日，某变电站值班员进行 2 号主变压器停电操作，因为 271 隔离开关拉不开，操作中值班员（女 41 岁）站在高低凳上，拿绝缘棒撬隔离开关触头部位（绝缘棒端部的金属头长 14cm、宽 10cm、斜长 22cm、隔离开关相间距离 16cm），造成两相短路，强烈电弧将正在撬隔离开关的值班员烧伤（面积约 90%），抢救无效死亡。

二、事故分析

（1）这是一起严重的违章作业造成的人身死亡事故。操作人不清楚设备结构特点及运行原理。绝缘棒端部的金属头长度大于隔离开关设计的相间安全距离，造成隔离开关局部短路。

（2）监护人失职，沿袭传统的不良习惯做法，未制止值班员的错误操作行为。正确的做法是，操作时出现异常情况应汇报调度终止操作，由检修人员处理设备缺陷。

三、事故教训及对策

（1）违反《安规（变电部分）》5.3.6.5 "操作中发生疑问时，应立即停止操作并向发令人报告"。值班员遇到异常情况，缺乏安全思考和技术思路回应。违背设备运行原理采用不良方法操作是错误的。绝缘棒端部的金属头在隔离开关触头造成短路，造成人员伤害和设备损毁。

（2）设备操作中隔离开关出现拉不开、合不上的情况，现场操作有些人会采用绝缘棒辅助操作，这样不但没有解决缺陷存在的问题，还带来各类因操作失误造成的风险。

（3）隔离开关拉不开原因：结构卡涩，触头因发热而熔焊等，应由检修人员进行维修处理。

案例 4　连环违章并误用验电器，抢险人员再次触电

一、事故原因

2004 年 12 月 2 日，某县供电有限公司工程一队进行路灯控制线作业，将同杆架设的 10kV 东环支线和东市支线一起停电。由于东环支线 GW-39 号隔离开关 A、B 相跳线接线错误，GW-39 号三相隔离开关虽已断开，但东环支线电源端仍然通过西班牙支线上的配电变压器绕组形成回路，导致东环支线带电。工作班组没有（东环支线、东市支线）验电和

挂接地线就开始工作，林某触及带电的 10kV 东环支线，发生触电并吊挂在变压器台架上。工作负责人欲登上变压器抢救林某，两次对 10kV 东环支线进行验电，由于误用了 35kV 电压等级验电器，均未发现 10kV 东环支线线路带电。在对林某施救过程工作负责人又发生触电。随后将 10kV 西班牙支线停电，将触电的 2 人救下，林某抢救无效死亡，工作负责人受轻伤。

二、事故分析

（1）在同杆架设的高压、低压线路上工作，工程一队队长既不勘查现场又不办理工作票，任凭工作人员自由行动，属于违章指挥。

（2）工作负责人进入现场既不做安全技术措施，又不观察存在的危险点，失去监护人的职责。由于线路存在跳线错误使工作上方的线路带电，造成工作人员误碰带电部位。后又错误地使用验电器，判断失误，造成同一工作现场的第二次触电。

（3）工作班人员无知，无安全技术措施危及人身安全，不提出质疑要求。对现场危险点不觉察，又无监护人指导，直接上杆工作造成触电。

三、事故教训及对策

（1）违反《安规（配电部分）》4.1 "在配电线路和设备上工作，保证安全的技术措施。停电、验电、接地、悬挂标示牌和装设遮栏（围栏）。"等项规定。工作负责人不勘查现场，现场设备未全部停电，盲目工作。

（2）违反《安规（配电部分）》4.3.1 "配电线路和设备停电检修，接地前，应使用相应电压等级的接触式验电器或测电笔，在装设接地线或合接地开关处逐项分别验电。"《安规》的每段文字都是用鲜血和生命填写的，每位电力员工不但要会说会背，关键要落实在行动上。

（3）违反国网《安规（变电部分）》Q.2.2.5.c）"救护者在救护过程中特别是在杆上或高处救护伤者时，要注意自身和被救护者与附近带电体之间的安全距离，防止再次触及带电设备。电气设备、线路即使电源已断开，对未做安全措施挂上接地线的设备，也应视作有电设备。救护人员登高时应随身携带必要的绝缘工具和牢固的绳索等"。

（4）国网《安规（变电部分）》Q.2.2.4中c）"抛掷裸金属线使线路短路接地，迫使保护装置动作，断开电源。"县供电公司缺少现场触电急救或互救培训。在岗生产人员未学会急救和自救，紧急事故处置方法不对。首先应判断险情原因，然后解除对人身的威胁。未做到"三不伤害"——不伤害自己，不伤害他人，不被他人伤害。

第三节　线路施工人身触电事故

案例1　施放高压导线接触低压线路，造成触电事故

一、事故原因

（1）2004年8月23日，某供电站在10kV 641线路埠头支线的放线施工中，由于所放导线与跨越的一条运行中的0.4kV农排线路相接触，造成正在拽线施工的3人同时触电，经抢救无效死亡。

（2）2006年6月30日，某供电局装表计量班、线路检修班进行10kV梁丝线公用变压器低压4号杆改造工作。工作中钟某登上支线1号杆，将4号杆T接的4根铜芯绝缘导线线头（带电220V）用绝缘胶带包扎后开始换线。完成A、C相两根导线施放后，开始施放中间两根导线（B相和中性线）。在牵渡导线时又下起大雨，施工未间断。但一名监护人员擅自下了支线1号杆，正在施放的B相新导线与支线1号杆上A相带电绝缘铜芯线发生摩擦（带电220V），因监护人不在，未能及时发现这一危险情况。当B相和零线两根导线拖放至7～8号杆时，致使A相带电绝缘导线的绝缘层被磨破，并导致正在施放的B相导线带电（220V），另一根新施

放的中性线又通过横担等导体与 B 相导通带电。导致正在支线 7~8 号杆之间拉线的施工人员和线盘处送线的施工人员触电。现场施工人员立即用扁担挑开导线使触电者及时脱离了电源，并随即对触电昏迷者采用人工呼吸等方法抢救，同时拨打了 120 呼救。事故造成 5 人死亡（均为临时工，事故发生时正赤脚站在水稻田中拉线），10 人受伤（2 名供电局职工，8 名临时工）。

二、事故分析

（1）监护人员擅自离开 1 号杆工作岗位，未及时发现新导线和带电导线的绝缘层被施工拉力磨破并及时隔离处理。

（2）大雨天气，视线不良，杆上杆下人员操作受阻，活动不便，施工现场组织混乱，工作负责人未下令暂停施工。

（3）用电中心的领导未考虑恶劣天气造成线路漏电风险，未制定停电（或搭设跨越脚手架）的安全措施。泥泞湿滑的施工现场加剧了电压对人体的泄漏（低压 220V）。

三、事故教训及对策

事故调查组经调查、取证、分析和鉴定，查明了事故原因和事故责任，根据《国家电网公司安全生产工作奖惩规定》〔2005〕512 号，提出了对相关责任人和事故责任单位的处理意见：①线路检修班监护人擅自离开岗位负事故主要责任，给予开除处分。计量班班长（工作票签发人）、检修班长（许可人）等，给予开除留用察看两年处分及经济处罚。②县局副局长、局长等负事故领导责任，给予行政撤职处分及经济处罚。③市公司人力资源部、生产技术部、安监部主任、主管副局长、局长、党委书记给予行政撤职处分及经济处罚。④市供电局按定员人均 1200 元扣减工资基金。⑤停产整顿，中断安全长周期记录。事故后各单位领导纷纷进工区、下班组、到现场，参加安全学习讨论、组织查找问题，共同制定整改措施。

案例 2 线路无票作业，习惯性违章造成触电事故

一、事故原因

（1）2002 年 1 月 28 日，某电管站工作负责人没有办理工作票，就带领 4 人前往某村变压器台区安装 10kV 侧避雷器，接表箱电源。没有做保证安全的技术措施（停电、验电和装设接地线等），就派人上变压器台架工作，突然一团火从台架上冒出，一工作人员从台架上触电跌至地面，经抢救无效死亡。死者左手掌和右脚掌有电伤痕迹。

（2）1994 年 5 月 12 日，某乡电管站副站长进行低压线紧线接火时，明知高压线安全距离不够，却不听别人劝告，在不办停电手续，不采取安全措施，又无人监护的情况下上杆紧线。因触及变压器的一次熔断器上方的裸铝线，发生触电死亡。

二、事故分析

（1）工作负责人违章指挥，违背安全职责无票作业，进而无法实现保证安全的技术措施，无法控制安全局面。

（2）工作班成员对现场危险点不觉察，对工作负责人的错误不指出，属违章作业。

（3）电管站领导（工作票签发人）未进行现场危险点勘查，不掌握现场施工条件与应采取的措施，不掌握工作班人员的安全技术水平，即安排作业属管理违章。

三、事故教训及对策

（1）习惯性违章的定义：指那些固守旧的不良作业传统和工作习惯，违反安全工作规程，违反安全工作客观规律的行为方式。

（2）习惯性违章的特点：顽固性、潜在性、传染性、排他性。对工作程

序没有认识，随心所欲，习惯成自然长期沿袭下来的违章行为。一是习惯性违章操作（违反规程的操作技术或操作程序）。违章的人说："我们的师傅也是这么干的，但他们的动作利索未出事。"二是习惯性违章指挥。即工作负责人违反安全工作规程的要求，按传统的不良习惯进行作业。工作简单从事，该交代的项目不交代，该执行的监护不执行，不清楚危险点盲目指挥，必然会造成不堪设想的后果。

（3）习惯性违章的危害性：习惯性违章与事故构成因果关系，它是造成事故的根源之一，它形成的结果既损害国家和企业利益，也损害职工安全和家庭幸福。

（4）反习惯性违章的对策：反习惯性违章的重点是基层班组，反习惯性违章的关键是各级领导，反习惯性违章的基点在预防，反习惯性违章要坚持重奖重罚，一经发现就必须坚决纠正。

案例 3 酒后作业触电伤亡事故案例

一、事故原因

（1）1985 年 5 月 3 日，某配电线路班处理 10kV 大风引起的断线事故，检修工作结束后，用户请吃火锅。饭后施工班受用户邀请去该线路 21 号杆装 10kV 变压器的高压熔断器。由于酒后作业，高压熔断器上触头带电，工作人员在装熔断器时触电，伤势严重。在医院切除三肢，只剩左腿，于 5 月 5 日死亡。

（2）1982 年 2 月 21 日，某带电作业班进行 10kV 和平线新整改线路的带电接头。午饭时班长带领数人在该班工人家喝酒吃饭。饭后班长（酒后作业）与副班长（未喝酒）、学员李某（酒后作业）3 人到工作现场。班长在地面监护，副班长登杆搭头，学员李某上杆传递工具。当副班长接完中相，去接西相时，学员李某一手触及中相导线，一手触及拉线而触电烧伤，经抢救将双臂截肢，致终身残疾。

二、事故分析

（1）班长酒后作业，带电作业现场违章指挥。

（2）学员李某不遵守劳动纪律，酒后违章作业。等各种违章现象发生。

（3）副班长（监护人）未能及时观察带电部位的安全距离，告知李某危险点和安全注意事项，造成意外触电事故。

三、事故教训及对策

（1）工作班人员在电力设备检修工作中饮酒，严重违反劳动纪律，并因此可能引发意外事故。大量饮酒会使人神经系统兴奋，易产生冲动且不顾后果。促使麻痹侥幸、冒险蛮干等心理蔓延。

（2）酒后违章作业，使当事人跨越安全底线，造成触电事故。新职工盲目无知，老职工习以为常。罪（醉）在酒中，毁（悔）在杯（悲）中的教训深刻。高压危险！应杜绝酒后作业。每位作业者应牢记"工作不饮酒，饮酒不工作"，形成遵章守纪的良好习惯。

（3）《国家电网公司十八项电网重大反事故措施（2018 修订版）》1.1.5 "加强作业现场反违章管理，健全各级安全稽查队伍，严肃查究各类违章行为，积极推广应用远程视频监控等反违章技术手段。"公司领导应动态闭环，刚性执纪，形成"失职追责，尽职免责"的安全管理氛围。电力工作过程饮酒，应停止当事人的岗位技能资格，待学习认识改正错误后，重新考试认定其岗位技能资格。

第九章

低压触电类事故案例

居民用电是电网供电量的一部分，从发电厂到变电站，再到千家万户的用电者家里，实现了电力生产的末端延伸，如图9-1、图9-2所示。居民用电（包括电力工程低压用电及员工家庭用电）用途广泛，由于用电者未进行专业化培训，人员结构复杂，发生意外触电的范围较大，触电事故存在突发性、广泛性。关键是普及安全用电知识，建立起全民安全用电防范意识，让用电者学会识别风险、预防失误、触电急救的方法。

↗ 图9-1　变电站母线导体及绝缘子

↗ 图9-2 变电站二次设备保护回路

第一节　生产现场低压触电事故

案例 1　变电站值班员因电炉漏电，触电身亡

一、事故原因

某供电分公司操作二班班长接调度员命令，到某变电站进行10kV设备操作。按门铃约2min无人应答，电话联系3次均无人接听。随即爬围墙进入变电站，走到二楼平台闻到有一股焦煳味，看到一值班员趴在厨房水池上面，电炉上的锅里冒着烟。班长立即切断厨房所有电源开关，拔下油烟机插头。并回控制室给调度打电话报警，派出所民警及120急救中心的工作人员赶到现场，确认值班员已经死亡。

二、事故分析

据变电站值班日志记录：8:10值班员到变电站接班，10:00巡视设备，11:40根据调度要求将2号主变压器调压抽头由Ⅱ挡调为Ⅰ挡。12:00左右进厨房做饭，将一条鱼剁为4段，其中3段在案板上，鱼头下锅（已烧焦）。12:40班长发现值班员已经死亡。根据现场所见情况，死者下颚、左手、右手臂、腹部等多处有明显电击斑痕，自来水龙头和铝合金灶台边沿，留有肌肉组织，认定为触电致死。

三、事故教训及对策

（1）值班员违反变电站不得使用电炉等带明火设施的规定。

（2）电炉使用中漏电而外壳未接地，电炉台下未使用绝缘垫，电源开关未装剩余电流动作保护器（漏电保护器）。

（3）变电站站长对变电站使用电炉做饭存在的安全隐患，未能提出异议和整改。

（4）变电工区对变电站的生活设施购置缺乏整体计划，现有使用家用电器缺乏安全监督。

（5）变电站及施工工地的厨房、电冰箱、电饭锅、电磁炉、电热壶、吸油烟机等，洗浴室所使用的洗衣机、电淋浴等使用中可能发生漏电危险。防范措施：①所有家用电器应使用三相插座、插头；②定期对家用电器及回路进行绝缘（防漏电）检查；③控制电源总开关处应安装剩余电流动作保护器（漏电保护器）；④采用电气隔离是防止家用电器漏电引起触电的有效措施。对于有较大触电风险的、经常使用或接触金属外壳的家用电器，在活动范围内放置绝缘胶垫等。当人体意外触及带电设备外壳时，通过绝缘胶垫与大地隔离，防止发生人身触电事故。

案例 2　小型分散作业现场，低压触电事故

一、事故原因

（1）触碰行灯变压器接线端子触电。2002 年 6 月 11 日，某发电厂 1 名工作人员，在一小平台工作完后，返回大平台途中，碰到 220V 行灯变压器接线端子触电，抢救无效死亡。

（2）未戴手套，误碰带电部位。2017 年 6 月 7 日，一用电作业人员在进行低压用电计量检查时，未戴手套、护目镜等安全防护用品，误碰导线带电部位，触电从竹梯上坠落死亡。

（3）旧线破口漏电。2001 年 7 月 13 日，某供电局检修班在进行低压接户线安装工作中，1 名工作人员站在铝合金梯子上紧固绝缘线，铜扎线勒破带电的旧皮线，导致人员触电死亡。

（4）带电剥导线线皮。2004 年 7 月 21 日，某供电所负责人派电工为一用户家改线并装电能表。2 人未办理工作票即赶到现场，经协商分工，王某负责拆旧和送电，袁某负责安装电能表。在没有工作负责人和监护人的情况下，2 人分头开始工作。王某在用带绝缘手柄的钳子剥开火线的线皮时，左手不慎碰到带电的导线，经抢救无效死亡。

二、事故分析

（1）工作人员基本操作技能差，存在不良的工作习惯（不戴手套等），个人安全防护用品使用不全。

（2）工作负责人面对存在的各类危险点，未交代安全注意事项和认真监护。

（3）检修施工单位对小型分散作业点的安全管控措施不落实，全员安全用电宣传教育不到位。

三、事故教训及对策

（1）严格落实小型分散作业点的风险管控措施。梳理小型分散作业点的

风险数据库，做好作业风险辨识，完善标准化作业指导书。

（2）严格计划刚性管控，健全小型分散作业审核流程，提高现场管控级别（小作业，大风险）。配足个人安全防护用品，现场正确使用到位。

（3）重视工作负责人和工作班人员的安全教育和技术培训，在现场作业中认真考核，及时纠正员工存在的错误。

案例 3　切缝机电源线绝缘损坏，泥瓦工触电死亡

一、事故原因

　　2005 年 7 月 10 日，某电厂基建施工中，一工作人员（瓦工）操作切缝机，切割混凝土路面的伸缩缝。施工中切缝机橡胶电源线被其外壳磨损，铜芯线碰及设备金属外壳，操作切缝机的瓦工触电昏倒在地，抢救无效死亡。

二、事故分析

（1）工作人员未遵守施工方案中有关低压电器现场使用规定。操作人员未穿绝缘鞋、戴绝缘手套。

（2）三级配电箱虽有漏电保护器，但未正确接线而失灵。

（3）切缝机设备外壳也未按要求接地。

三、事故教训及对策

（1）施工方经理应编写施工方案，经总监理工程师审查批准，并认真执行各项内容。

（2）作业前工作负责人应检查剩余电流动作保护器（漏电保护器）能正确动作。当设备漏电时会发生两种异常现象：一是外壳带有危险电压，二是设备对地泄漏电流增大，剩余电流动作保护器（漏电保护器）检测回路出现不平衡电流，检测到异常信号后，将电源自动切断，从而起到保护作用。

（3）工作负责人、监理工程师在工作中实施安全监护，应检查切缝机使

用的导线及接头处绝缘良好，纠正施工人员的各种违章行为。按照《电力安全工作规程（变电部分）》16.4.2.7 要求，电动工具应做到"一机一闸一保护"。

案例 4　拆除电焊机电源线时，未断开电源造成触电死亡

一、事故原因

（1）2005 年 5 月 17 日，某电厂检修班完成 380V 直流焊机检修，电焊机修后通电试验良好。班长安排工作人员拆除电焊机二次线，自己拆除电焊机一次线。未检查电焊机电源是否断开，在电源线带电又无绝缘防护的情况下作业，触电后抢救无效死亡。

（2）2006 年 5 月 18 日，某供电营业所在仙池村新装配电变压器。配电工余某未经工作负责人许可，擅自一人拆除电焊机电源线（民房墙角挡住了其他人员的视线），手抓住了绝缘层已破损的电焊机电源电缆线（未断电源），导致触电倒地，经抢救无效死亡。

二、事故分析

（1）工作负责人未尽到安全职责，工作中失去安全监护，工作前未检查发现电源线破损。

（2）工作人员独自进行带有危险性的工作，缺乏互相提醒，未断开电源就开始拆线工作。

三、事故教训及对策

（1）违反安全管理制度。"生产派工单"上的"安全措施"和"控制措施"栏已明确"在移动电器设备时应先断开电源，施工前检查焊机、临时电源线的绝缘是否损坏"。

（2）配电工余某在搭接临时施工电源时，将电焊机电源线直接钩挂在 8 号杆（220V）的导线上，未按规定加装漏电保安器、未设明显的断开点，失去安全保护。

（3）收电源线时无人监护，违反了电气作业必须二人进行的规定，使工作人员不能互相提醒。

案例 5　手电钻绝缘不良，造成低压触电事故

一、事故原因

（1）1979年6月28日，某电厂2号机组停运，民工用电钻清除凝汽器铜管结垢。工作中电钻不转，汽机修理工修理后交给民工继续使用。由于电钻电源线接头绝缘未包好，电线受拉后，带电导线裸露与电钻外壳相碰带电，因电钻外壳未接地，使民工触电死亡。

（2）1985年7月23日，220kV某变电站控制室安装空气调节器，使用电钻对供水母管钻孔。电源使用220kV设备区的动力箱电源（距施工地点23m），用一根四芯橡皮线做电源线。电源侧由班长接线，他接了黄、绿、红、黑4芯，他的接线是正确的。电钻的引线是4芯橡皮线，工作负责人姚某只接了黄、绿、红3芯，黑色芯（外壳接地线）未接。因供水母管是白口铸铁，换成单相电钻仍钻不进去，又换成三相电钻。工作负责人姚某错误地把电钻引线的黄、红、黑三芯与电源引线的黄、绿、红三芯相连（造成电钻外壳带电）。因昨天刚下过雨，坑内积水，周某脱去皮鞋，赤脚站在坑里等电钻。另1人在坑边接过电钻试反正转，也未戴绝缘手套，虽然外壳带电，但他穿着塑料凉鞋，没有麻电感觉。待把电钻交给坑内的周某时，周某拿到电钻就发生触电，眼睛上翻，口里喊话不清，左手示意断开电源。10s后断开（动力箱电源处）电源，对周某进行急救无效死亡。

二、事故分析

（1）电钻引线与临时电源连接错误（或接头绝缘破损），造成电钻外壳带电，工作负责人未能及时发现异常现象，制止工作中的失误。

（2）工作人员安全意识淡薄，使用前不能认真检查电钻外观及接线绝缘

是否良好。技术素质差，不看电钻说明书，将黑色的地线接入电源线，造成电钻外壳带电。

（3）工作人员站在水中作业，使用电工工具不采取安全隔离措施（穿绝缘靴），不进行事故预想（设备漏电），盲目无知进行冒险作业。

三、事故教训及对策

（1）违反《安规（变电部分）》16.3.2"手持电动工具如有绝缘损坏、电源线护套破裂、保护线脱落、插头插座裂开或有损于安全的机械损伤等故障时，应立即进行修理，在未修复前，不得继续使用"。

（2）接线时未把电钻引线的中性线与电源的中性线接上，接线完毕无人核对。

（3）施工中没有使用合格配电箱及断路器、配套的插座、漏电保护器，而采用远方的临时接线。

（4）在泥水中工作赤着脚，没有按规定使用绝缘手套、穿绝缘靴。监护人也未加制止。（例如：某发电厂废水池清理杂物时，因水泵漏电发生1人触电。施救过程中，4名施工人员因措施不当，相继触电。造成2人死亡，2人受伤）。

（5）工区应加强技术培训，每位员工应认真学习操作技术，掌握电动工具使用的各项细节，确保现场进行正确无误的操作。

第二节　居民生活现场零星触电事故

案例1　带负荷拉冰柜插座，弧光烧伤面部

一、事故原因

2012年3月，某电厂一名维修工在调试食堂冰柜时，没有将冰柜电源开关关掉，便将工作中的冰柜插头拔下，导致插座发生弧光放电，致使自己面部烧伤。

二、事故分析

（1）部门领导对人员使用安排失误，新员工不应单独从事电气维修和操作的工作。

（2）维修工刚从炊事员岗位转岗过来，没有进行岗位技术培训，缺乏电工知识，连电气设备不能带负荷拉闸的常识都不知道。冒险作业，自身缺乏安全保护意识。

三、事故教训及对策

（1）单位应重视职工的安全培训和业务技术考核，考试合格再安排合适岗位上班。

（2）电力员工要重视电工知识和技术学习，虚心请教，遵守劳动纪律。

案例2　居民生活现场零星触电事故

一、事故原因

（1）1984年3月，某家庭3岁幼童右手触摸220V两相插座，两个小手指被短路电流击伤，造成手指的终身残疾。

（2）1980年6月，某农村家庭妇女在绑扎的铁丝架上晒衣服，当手抓铁丝时，电流迅速将其手粘住不能脱身，后触电身亡。原因为乱扯的220V照明花皮线破损漏电。

（3）1973年7月，某家属院电杆的220V电灯线落地，强大的接地电流造成弧光，将地面烧成了玻璃状圆坑。几个小朋友看热闹，其中一个在跨步电压作用下麻电倒下，多亏过路人用木板将其救出险境。

二、事故分析

（1）用电设施设计制造不标准，存在安全隐患。买电器产品要选择标准厂家的品牌产品，避免追求便宜而买假货。

（2）少年儿童缺乏用电知识和应急避险能力，造成触电损伤。家庭插头、插座安装使用不规范，未考虑儿童爱动、无知可能造成的伤害。

（3）线路施工导线安装质量差，缺乏正常维护，故障多发。

三、事故教训及对策

（1）基层供电企业定期进行安全性评价。按照评价、分析、评估、整改的过程循环推进。既要进行生产、营销层面的安全性评价工作，也要重视低电压、隐蔽性环境的居民用电层面的安全性评价。

（2）结合每年国家开展的安全月活动，开展全民安全用电宣传教育。识别有害暴露可能发生的危险事件，保障全民人身健康和财产。例如：一居民使用手电钻时，因手电钻插头与插座不配套插不进去。于是将一根线插入相线插孔，将另一根中性线和手电钻外壳中性线拧在一起插入零线插孔。电钻位移时，零线从孔中拔出，碰到裸露的相线，使电钻外壳带电，造成触电。

（3）有备才能无患。电业职工及家属带头，对家庭单元定期开展用电安全自查和互查。对违章使用电暖气、电褥子等电器，电动车充电器私拉乱扯的插座插头，床上使用手机充电器等不安全因素进行检查登记。对不良习惯进行教育，对存在的事故隐患进行管理控制。

案例 3　电杆的附属拉线带电，男童触电被救

一、事故原因

2005 年 7 月 19 日，一名 5 岁男童在大人带领下在街道人行道上散步。男童在行走玩耍中碰到路边一通信电杆的附属拉线，因拉线上带有 220 V 的电压，导致男童触电。由于抢救及时，男童虽然脱离了生命危险，但是受到了严重的电击伤害。

二、事故分析

与通信杆相邻的 10kV 线路高压电力杆上搭挂有 2 层线路，上层为照明用路灯线，下层为通信线路。电杆上安装有照明灯，镇流器的电源线因年久失修、绝缘破损，造成断线。断线后搭接在通信线路的金属抱箍上，而金属抱箍又和通信用支撑钢绞线相连，使通信杆拉线带有 220V 的电压。

三、事故教训及对策

（1）加强供电线路的安全检查，及时发现缺陷进行处理。例如：笔者曾发现一学生，在上学时爬到路边的围墙上行走，不远处就是 10kV 变压器及带电引线。通过大声呼叫让其返回后下墙，避免了触电事故发生。也提醒用电管理单位在变压器周围应设遮栏，并悬挂"禁止攀登，高压危险！"警示标志。

（2）教育少年儿童遵守纪律，遵守公共秩序，远离高、低压线路和电气设备。家长应注意少年儿童的监护，外出游玩应在视线控制范围内活动。

（3）雷雨天气街道道路低洼处可能有被水淹现象，行人应远离电杆和配电设备端子箱，防止因电缆漏电而发生人身触电事故。

第三节　低压触电特点与安全防范

一、低压用电安全知识要点

人体触电的基本方式有单相触电、两相触电、跨步电压触电、接触电压触电、特殊工作环境的感应电压触电、雷击触电等。

二、安全电压

在各种不同环境条件下，当人体接触到一定的电压带电体后，其身体各部分组织（皮肤、心脏血管系统、神经系统、呼吸系统）不发生任何伤害的运行电压，称为安全电压。人体允许通过的电流是受电击后能摆脱带电体的危险电流。国际电工委员会规定接触电压的限定值为 50V（人体电阻约

1700Ω，通过 30mA 的电流的条件下）我国安全电压等级为：42、36、24、12、6V。当电气设备电压超过 24V 时，应采取防止直接接触带电体的保护措施。但在工作环境狭窄、水里、湿热、周围有大面积金属接地体的场所，工程师对安全管理应采取针对性安全措施，比如：行灯的电压不得超过 12V。我们把 36V 电压规定为人身长时间直接接触无危险的电压。葛洲坝水利枢纽使用了上千台 42V（200Hz）混凝土振动器，工作环境条件差，1978—1981年未发生触电死亡事故。36V 允许持续时间 3 ~ 10s 的规定是从苏联引进的，我国据 IEC 的资料，尚未收集到 50V 以下工频电流触电死亡的事例。从收集到电击死亡事故中，电压最低的为 70V（电焊机空载电流）。

三、安全电流

交流电不得大于 10mA。电流的大小和电流的持续作用时间是引起人体心室颤动的主要因素。根据不同电流通过人体时的生理反应，可将电流分为三种：

（1）感觉电流。成年男子约为 1.1mA，成年女子约为 0.7mA，直流约为 5mA。

（2）摆脱电流：人体触电后能自动摆脱电源时的最大电流。成年男子约为 16 mA，成年女子约为 10mA，直流约为 10 mA。

（3）致命电流：在较短时间内，危及生命的最小电流。通过人体的工频电流超过 50 mA 时，发生心脏停止跳动、昏迷等致命的电击伤。100mA 的工频电流通过人体时，会很快使人致命。

低压触电类死亡率很高，便携式和移动式设备易发生触电事故。施工工地分支线、接线端、插头插座、开关等连接部位易发生触电事故。单相触电、两相触电是人体与带电体的直接接触触电。

低压触电时，电流经过人体，人体各部产生不同程度的刺痛和麻木，肌肉收缩，触电者因肌肉收缩，手会紧握带电体，不能自主摆脱电源。（例如：某居民维修电冰箱故障，右手不慎触到电源。触电后，右手大拇指与食指痉挛，粘到电源上拿不下来。他只感觉身子发麻，手臂剧烈疼痛，脑子几乎一片空白，便本能地大声叫喊。他的小狗听见主人的惨叫声后，朝着他被粘的手部猛然腾空一扑，把他的右手从电源上冲落，才脱离危险）

四、迅速切断电源，进行触电急救

人体一旦触电能否及时脱离电源，脱离电源之后能否及时现场施救，是触电当事人能否存活的关键。从收集到的原始资料来看，一般人体触电 1min 后开始救治者，预后良好达 90％；6min 后才开始救治者，预后效果良好仅占 10％；10min 后才开始救治者，救活的可能性较小。客观上讲，施工现场人员触电后，在 6min 以内送达医院的可能性较小。如果现场施救措施不力或技术不到位，则死亡概率就会高。

抓紧每一秒钟时间在现场抢救，复苏的可能性很大。触电事故具有死亡率高的伤害特征。①现场抢救中采用口对口人工呼吸法和胸外心脏按压法能取得良好效果。②装设漏电保护器，以及带电作业时认真执行监护，迅速切断电源，都可起到重要作用。③工作时动作要规范，穿戴工装整齐的小节不可忽略。④安全培训必须有触电急救技能，使现场作业者懂得触电施救程序和施救技术。以便争取时间挽回生命，降低触电事故的死亡率。

五、夏季人身触电事故分析

触电事故具有明显的季节性。由于夏季环境气温高、空气湿度大，施工现场机电设备长期曝晒雨淋或在潮湿的环境中运行，对设备的绝缘性能有一定的影响，客观上容易形成设备漏电损伤等隐患。炎热的夏季，人身多汗，操作者在作业的过程中往往衣着单薄、皮肤暴露、湿润，人体本身绝缘阻抗会下降，通电的途径是上肢到下肢。例如：1992 年 8 月，某供电站一位装表接电工，为电器门市登杆带电接线，裤管被架设在电杆上的一根钢线撩起，触碰到带电部位，触电死亡。

从人体本身适应性讲，在闷热、狭窄、潮湿的工作环境，存在多种易受伤害的客观因素。天气炎热，对人的生理、心理会产生不良影响：如易疲劳、易烦躁、安全意识下降、感知能力降低等；这些生理反应也会使人的警觉性下降，应急水平变差，对危险的反映不够灵敏。

　　事故后检查发现接触带电金属物的人体皮肤表面，都有被电流击穿的伤痕。人体电阻是随着接触电压的高低而变化的，220V 的接触电压下的人体电阻大约为 1500Ω。低压触电时，会在皮肤上烧出轻微的斑点，一般对人的肢体损害不大。高压触电时，在肢体接近带电体时，将发生电弧放电。由于电弧温度高，除了造成皮肤局部灼伤，还会造成大面积烧伤。在电弧烧伤部位，由于电的热效应、化学效应，以及融化和蒸发的金属微粒的附着侵蚀，生理损伤十分严重。如：肌肉、神经、骨骼受伤，击穿痕迹伤口不易愈合，治疗中需要截肢甚至引起死亡。

　　预防低压触电应从技术、教育、管理方面采取措施。应注意气候、环境对触电事故的影响，夏季应注意对电气线路、机电设备、电动工器具的质量检查维护。对作业人员劳动保护的督促检查，并加强薄弱环节的技术支援，消除潜在的人身触电威胁。

第十章

带电作业及感应电触电事故案例

电力的特点是发电、供电、用电在同一时间完成，电力供应中断就意味着事故，于是电力工程师发明了带电作业的方法，以避免停电造成的重大经济损失和不良社会影响。但带电作业比普通检修工作存在的风险大。带电作业必须把握下列重要环节：带电作业适用范围，应在良好天气下进行，正确使用带电作业工具，严格执行工作票制度。现场工作人员实行标准化带电作业，如图 10-1、图 10-2 所示。

↗ 图 10-1　接引线带电作业标准化作业　　↗ 图 10-2　高压导线检修标准化带电作业

带电作业的特点：带电作业人员站在绝缘平台，采用绝缘性能良好的工具进行工作，绝缘工具的绝缘性能直接关系到作业人员的安全。如果绝缘工具表面脏污，或者表面受潮，泄漏电流将急剧增加。当增加到人体的感知电流时，就会出现麻电、触电事故。

带电作业安全注意事项：①地面作业人员上下传递工具、材料均应使用绝缘绳捆扎，严禁抛掷；②禁止使用有损坏的、受潮、变形或失灵的带电作业装备、工具。操作绝缘工具时应戴清洁、干燥的手套；③带电作业只能一人进行（同一部位不能二人同时作业），人体与带电体保持安全距离；④禁止带负荷断接引线；⑤开断导线的作业应有防止导线脱落的后备保护措施，开断后及时对开断的导线端部，采取绝缘包裹等遮蔽措施；⑥大风雷雨、雾等恶劣天气禁止带电作业；⑦带电作业监护人全程认真监护操作人每一个动作，监护人不能直接进行操作；⑧在市区人口稠密区域进行带电作业，工作现场应设围栏，设专人监护；⑨等电位作业人员作业中禁止使用酒精、汽油等易燃品擦拭带电体和绝缘部分，防止起火；⑩禁止同时接触未接通的或已断开的导线两个断头，以防人身串入电路；⑪带电断、接空载线路时，作业人员应戴护目镜，并应采取消弧措施；⑫绝缘斗臂车工作中车体应使用不小于16mm² 的软铜线良好接地。

第一节　带电作业人身触电事故

案例1　带电作业方法不当　剪线过长导致触电烧伤

一、事故原因

（1）1979 年 8 月 7 日，某线路带电班带电处理西铭线 6 号分支跌落式熔断器中相上档头引线烧断，将跌落式熔断器拉开，班长（工作负责人）让工作班成员李某登杆将跌落式熔断器中相引线剪断。由于剪断的引线过长（2.2m），引线的弹性和自然扭力使其碰到左边跌落式熔断器的带电引线上，并触及李的左膝盖下部，引起放电，弧光将李的两腿烧伤。

（2）1978 年 7 月 5 日，某带电作业班处理 6kV 配电线路变压器中相跌落式熔断器引流线烧毁故障。工作班人员站在杆塔上用带绝缘手柄的剪刀将引流线接头剪断（钢芯铝绞线），引线下落时与边相相碰。施工中他只是用绝缘杆将引流线勾住（未采取固定及防摆的措施），当剪断引流线时，下落引线落在作业人员右腿上，他右腿致残。

二、事故分析

（1）工作负责人违章指挥，剪断引线的操作方法错误，未预判到引线剪断后的弹性危险，安全监护不力。

（2）工作班人员不明确工作中的危险因素，未考虑引线长有弹性，又未固定被剪的引线。面对不确定因素可能造成的放电危险未互相提醒，盲目随从。

三、事故教训及对策

（1）管理因素反思。违反《安规（线路部分）》2.3.11.2"工作负责人的安全责任，正确安全的组织工作"。应遵循工作票的监督方法，及时发现操作的危险因素，防止意外伤害。

（2）操作技术反思。违反《安规（配电部分）》9.3.4"带电断、接空载线路所接引线长度应适当，与周围接地构件、不同相带电体应有足够的安全距离，连接应牢固可靠。断、接时应有防止引线摆动的措施。"工作负责人现场布置的安全措施不完备，未能及时控制危险因素，未及时进行危险点告知，将引线剪断后未采取支撑固定措施。

案例 2　绝缘子检测检修中，触电死亡事故

一、事故原因

（1）1985 年 1 月 25 日，某送电工区保线站，6 名工人由站长罗某带领，更换 35kV 代渭线、代临线的零值瓷绝缘子，线路为 II 型杆，导线三角排列。开工前工作负责人罗某强调："上引流线带电，在进行下相作业时不许站立，要爬着过线，要注意安全距离。"工作结束时，苏某准备解腰绳时，罗某对苏某喊"要注意安全距离。"苏某未回答，解开腰绳准备退出却站起来，头部触及上面的 B 相过桥线触电，从 12.5m 的横担上坠落下来死亡。带电作业人员在作业中，应思想集中，服从指挥。而苏某思想麻痹，在工作过程中曾手指导线，还要求打赌，忽视自己处于危险状态。

（2）1982 年 6 月 19 日，某带电作业班在 220kV 某线路横担上检测不

良绝缘子，作业人员手拿 3m 绝缘杆从 30 号耐张杆塔的横担右侧向左侧转移，在穿越架空地线时肩搭安全带，身体失稳，触及未接地的架空地线（架空地线未接地的缺陷，遗留 2 年未处理），造成感应电触电，从 13m 高处坠落死亡。

二、事故分析

（1）220kV 线路检测绝缘子，工作票签发人未进行现场勘查，接地线缺陷未处理，存在感应电触电危险，对危险点未能有效掌控。

（2）接地线装置缺陷造成事故诱因，工作人员未与带电设备保持安全距离。30～38 号杆的架空接地线全长 3.8km，经测量静电感应电压为 9kV。如果将架空地线接地，当时运行电流 20A，经测量静电感应电压为 8.2V。

（3）35kV 线路更换零值瓷绝缘子故障，监护人对邻近带电体的作业现场，作业前未进行技术交底，工作人员疏忽大意，造成误碰带电部位。

三、事故教训及对策

（1）违反《安规（线路部分）》10.2.1 "表 10-1 带电作业时人身与带电体的安全距离（220kV，1.8m/35kV，0.6m）"。作业前应进行现场勘查，作业中针对现场异常情况进行专项安全监护。

（2）接地装置存在缺陷应及时处理，在存在缺陷的设备上工作，应采取针对性技术措施，消除对人身安全的威胁。邻近带电体的作业现场，作业前应进行技术交底，作业人员应具备感应电防范知识和技能。

案例 3　导线绝缘层制作不良，误碰损坏部位触电死亡

一、事故原因

1993 年 7 月 1 日，某高压班班长持线路工作票，带领 13 人到建设路 37 号直线耐张塔处，塔上共有 10kV 线路三回，上层是建烟线 10kV 绝缘

导线（带电），中层为东烟线，下层为建二线，均为裸体导线。绝缘导线运行，从东烟线 T 接引下线。班长因塔下太阳光耀眼看不清，登塔监护。实际上登塔后参与作业，失去有效监护。位于塔南侧工作的薛某工作移位，左手不慎触及建烟线绝缘导线破损处，触电后从 12m 高处坠落地面死亡。

二、事故分析

（1）工作票签发人未进行现场勘察，对现场环境和危险点不了解，对所负责的安全管理责任失职。事故后经对建烟线 10kV 绝缘导线和中间接头进行现场试验，测得静电电压在 500～1000V，泄漏电流为零。对制作的中间接头加 3 倍的相电压（18kV）试验绝缘强度正常。由安全监察人员亲自登杆检查，发现弓子线中间接头部分，外包绝缘层有击穿放电痕迹长度约 1cm。系施工人员对该接头制作时，没有按照电缆附件厂家提供的工艺程序施工：一是压接管毛刺未打磨；二是厂家提供的两层热塑管未套上，致使毛刺刺伤仅有的两层绝缘胶带，薛某左手不慎触及此处，经左手和胸部对塔放电，触电死亡。

（2）作业人员技术素质低，工作前没有检查作业条件是否安全，未及时发现设备缺陷及事故隐患。

三、事故教训及对策

（1）违反《安规（配电部分）》9.1.6"带电作业项目，应勘察配电线路是否符合带电作业条件、同杆（塔）架设线路及其方位和电气距离、作业现场条件和环境及其他影响作业的危险点，并根据勘察结果确定带电作业方法、所需工具以及应采取的措施"。

（2）绝缘导线新技术应有新规定、新措施。在新技术、新工艺的作业时，设备投运前应按照要求做相关试验和验收。

（3）《安规（配电部分）》9.2.7"对作业中可能触及的其他带电体及无法满足安全距离的接地体（导线支承件、金属紧固件、横担、拉线等）应采取绝缘遮蔽措施。"操作人的技术素质低，带电作业遇到绝缘线存在质量缺陷，并且没有及时发现设备隐患。作业前工作负责人应进行技术交底，现场查看局部是否有异常现象，认真监护工作人员的每个动作是否规范，穿戴的安全防护衣物是否完整。

（4）集体企业摊子大，人员技术水平参差不齐，现场管理存在漏洞、有死角。

（5）事故调查处理对班长进行了开除厂籍处分，局长、主任受到行政警告、扣发工资等处分。

案例 4　违规脱去绝缘手套，触电死亡事故

一、事故原因

（1）某电力公司带电班副班长，从事带电作业时间不到一年（新分配的技校学生），带领 7 名工人在某 35kV 线路 12 号耐张杆，更换靠导线侧第一片零值绝缘子。由副班长和一名学员上杆操作，使用前后卡具、绝缘拉板和托瓶架等工具，用间接作业法进行。当拔出零值绝缘子前后弹簧销子收紧丝杆，使绝缘子串松弛后，使用绝缘操作杆取出零值绝缘子。由于取瓶器卡不住绝缘子，一时无法用绝缘操作杆取出。站在横担上的副班长便试图用手直接将其取出，导线对他的右手放电，并经左脚接地，烧伤了右手和左脚，使他险些从横担上摔下。

（2）2010 年 10 月 14 日，某供电所进行带电更换 10kV 杆塔中相瓷绝缘子，补装中相立铁穿钉螺母工作，工作人员樊某劳务派遣工（取得带电作业资格证书），在带电作业车绝缘斗内左侧工作。陈某（监护人）在绝缘斗内右侧配合其工作。樊某因佩戴绝缘手套安装螺母不便，两手均脱去绝缘手套作业，由于安全距离不够，左手触碰中相绝缘遮蔽不实的穿刺线夹（高电位），经右手与中相立铁（地电位）形成放电回路触电，后抢救无效死亡。

二、事故分析

（1）工作负责人（副班长是新分配的技校学生）综合素质达不到要求，无实际操作经验，作业中遇有异常情况束手无策。

（2）带电作业者违规脱去绝缘手套，工作班人员图省事而擅自简化操作程序，双手均脱去绝缘手套作业。监护人未及时纠正错误，导致触电事故。

三、事故教训及对策

（1）违反《安规（配电部分）》9.2.6"带电作业应戴绝缘防护用具（绝缘服或绝缘披肩、绝缘袖套、绝缘手套、绝缘鞋、绝缘安全帽等）。带电断、接引线作业应戴护目镜。使用的安全带应有良好的性能。带电作业过程，严禁摘下绝缘防护用具。"

（2）违反《安规（线路部分）》10.1.4"参加带电作业的人员，应经专门培训，并经考试合格取得资格、单位书面批准后，方能参加相应的作业。带电作业工作票签发人和工作负责人、专责监护人应由具有带电作业资格、带电实践经验的人员担任。"由于副班长未经过专门培训，所以在进行简单的操作取瓶器数次却卡不住绝缘子。

（3）工区领导选择工作负责人失误、失察，作业者承担与自身技术素质不相适应的工作。选派工作负责人应经供电公司（工区）主管生产的领导批准，安全监察部门备案。

（4）监护人的责任是认真监护，不能直接参与工作。在带电作业的全过程对作业人员的一举一动进行监护，及时纠正错误，保证安全。

案例 5　绝缘斗臂车更换 10kV 绝缘子，等电位作业触电事故

一、事故原因

（1）1977 年 5 月 1 日，某带电作业班使用液压斗臂车在 10kV 某线路更换针式绝缘子。9 号杆系双层布线、双铁横担结构，相间距离 500mm。戴针织铜丝手套（无连接筋），手套未与屏蔽服连接成整体。工作负责人是一位从未干过带电作业的普通电工，他指挥工作人员用绝缘扳手拧松绝缘子的螺母，解开绝缘子上的绑线，由于绝缘斗摆动，工作人员触及绝缘

垫毡盖不严密的铁横担，造成触电死亡。

（2）1998年8月14日，某配电工区带电班在10kV 12号杆进行带电更换绝缘子，采用等电位作业，工作人员身穿全套屏蔽服操作，由于注意力不集中，导致屏蔽服误碰边相导线，其触电后全身被电弧大面积灼伤。

二、事故分析

（1）工作票签发人未做好"确定工作的必要性和安全性"。违反《安规（配电部分）》9.2.1"高压配电线路不得进行等电位作业。"《安规（变电部分）》9.3.1"等电位作业一般在66kV、±125kV及以上电压等级的电力线路和电气设备上进行。20kV及以下电压等级的电力线路和电气设备上，不得进行等电位作业。"

（2）工作负责人未经专门培训并考试合格取得资格证，所做现场安全措施不完备，对设备包裹遮蔽措施未细致检查到位。违反《安规（配电部分）》9.2.6"带电作业应戴绝缘防护用具（绝缘服或绝缘披肩、绝缘袖套、绝缘手套、绝缘鞋、绝缘安全帽等）。"

（3）工区领导选派工作负责人失误，不能正确组织现场作业，不胜任现场岗位工作。

三、事故教训及对策

（1）违反《安规（配电部分）》9.7.6"绝缘斗臂车使用前应在预定位置空斗试操作一次，确认液压传动、回转、升降、伸缩系统工作正常、操作灵活，制动装置可靠。"液压斗臂车在作业前，应在预定位置空斗操作灵活可靠，检查确认液压传动、回转、升降、伸缩系统、制动装置、电气绝缘、防护设施等工正常，才能正式开始工作。

（2）更换绝缘子时，脱离绝缘子的导线必须用绝缘支杆支撑稳固或绝缘滑车吊起后，方可作业。

（3）作业人员不允许戴无连接筋的针织铜丝手套（纵向电阻大），不符合带电作业要求。

第二节 感应电人身触电事故

案例 1 擅自拆除地线，感应电触电事故

一、事故原因

2001 年 4 月 10 日，某变电站检修 110kV 断路器的甲隔离开关线路侧接地开关时，在线路侧装有一组接地线代替接地开关。检修人员工作完毕后，顺手将接地线拆除，由于线路感应电强烈，检修人员触电后坐在 2.5m 高的接地开关架构横梁上，（幸亏戴有线手套，不然后果会更严重）两腿、两手发软、发凉，不能行动，下面人员用梯子、配安全带才将他从横梁上送下来。

二、事故分析

（1）检修人员拆除接地线未填操作票（经运维负责人审核签名），未执行监护复诵操作程序。

（2）监护人现场把关不严，未能及时发现和纠正检修人员的错误操作。

三、事故教训及对策

（1）违反《安规（变电部分）》7.4.11"禁止作业人员擅自移动或拆除接地线"等规定。检修人员擅自拆除接地线，属于违章作业。

（2）违反《安规（变电部分）》7.4.9"装、拆接地线导体端均应使用绝缘棒和戴绝缘手套。人体不得触碰接地线或未接地的导线，以防止触电。带接地线拆设备接头时，应采取防止接地线脱落的措施。"

案例 2　碰落现场的接地线，发生人员感应电触电事故

一、事故原因

（1）1983 年 1 月 7 日，某电力局线路工区带电班一工人，在胡荆线 37～42 号杆拆架空地线放电间隙时，不慎将地线碰掉。造成感应电触电烧伤，右小指烧掉两节，左脚跟烧伤。

（2）2008 年 5 月 26 日，某输电公司对 500kV 万龙二回 419～735 号杆塔进行绝缘子清扫。运检一队工作班成员金某（死者、27 岁）在 462 号塔挂设个人保安接地线并进行清扫。金某在杆塔上 A 相装设好保安线后，准备取工具包转移作业点时，身体意外失去平衡，右手抓住保安线（保安线有透明绝缘套管），导致保安接地线的接地夹具从塔材上脱落，接地端击中左胸靠近心脏部位（金某仰躺在左相横担头上），因感应电击休克死亡。

（3）2013 年 7 月 18 日，检修班在 110kV 某变电站工作，通过起重机辅助拆除 110kV 银园线路至旁路母线隔离开关 C 相 T 接引流线。工作负责人站在旁路母线隔离开关构架上，手抓 C 相 T 接引流线配合拆除工作，T 接处线夹拆除后，C 相引流线下落过程中，将装设在 C 相的接地线碰落。相邻的 110kV 银锦二线在运行状态，使停运的 110kV 银园线路存在感应电压。工作负责人手触碰摆动的银园线路的 C 相引流线，发生感应电触电死亡（工作负责人参加工作，现场工作失去监护）。

二、事故分析

（1）工作票签发人未进行现场勘查，现场布置的安全措施不可靠，对现场人员活动及危险点未能有效掌控。

（2）工作负责人未重视接地线的可靠使用及安全监督，造成接地端被拔出失去作用，发展为人身触电事故。

（3）工作班成员杆塔作业时，身体意外失去平衡，右手抓住保安线导致接地线夹脱落。

三、事故教训及对策

（1）作业前现场勘查，作业中针对现场异常情况进行安全监督。将接地线作为重要检查项目，重点监督维护。拆、装设备时，应采取防止接地线脱落的措施。

（2）同杆塔架设线路、邻近带电体的作业现场，作业前应进行技术交底，作业人员应具备感应电防范知识和技能。

（3）工作人员作业安全警惕性不高，在重心失稳时误拽保安线，导致保安线接地端脱落。

（4）保安接地线的接地线夹设计不合理，夹在塔材上在有平行外力作用时易脱落。

案例 3　停电的电缆剩余电荷，造成触电事故

一、事故原因

2003 年 9 月 24 日，某变电站值班员在进行 35kV 某变电站 2 号主变压器检修操作中，发生一起人身触电死亡事故。6：57 接到"2 号主变压器及柏 3511 由冷备用状态改为检修状态"命令后，副值班员在城柏 3511 进线电缆仓内做验电、挂接地线的操作，当验明城柏 3511 无电后，未进行放电就爬上梯子准备挂接地线，正值班员未及时制止违章行为。这时副值班员朱某身体碰到城柏 3511 线路电缆终端处，发生了电缆剩余电荷触电死亡事故。

二、事故分析

（1）值班员及值班长不了解有关电缆操作的注意事项，缺乏有关电缆存留静电的知识和操作经验，盲目操作，导致触电。

（2）停电的电缆线路相当一个电容器，应视为带电设备。值班员操作中缺乏事故预想和安全分析，面对疑难技术难题，缺乏互相提醒和交流。

三、事故教训及对策

（1）违反《安规（变电部分）》7.4.2"当验明设备确无电压后，应立即将检修设备接地并三相短路。电缆及电容器接地前应逐相充分放电，……"等规定。

（2）变电运维人员应认真学习变电运行技术，并接受进行相关技术培训和技术考核。停电后电缆线路相当一个电容器，电缆线路对地仍有电位差，经过充分放电后，装接地线后才可以进行接触性工作。

第十一章

电力设备事故案例

在电力系统中，发电机、变压器、线路和受电器等直接参与生产、运送、分配和使用的电能的设备称为一次设备；各种测量、保护、控制装置、蓄电池组及组成的系统称为二次设备。电力系统由导电回路和绝缘部件支撑形成供电主回路，高电压是长距离输送电流的动力，导体的各部位支撑点由绝缘子或绝缘材料完成与大地的绝缘。二次设备的作用是对一次设备进行操作、监控，保证事故状态切除故障的断路器跳闸（重合闸）。由于电力设备设计、制造、安装、检修等存在的缺陷，由于天气、环境等不良因素，由于人为管理失误等原因，造成电力系统的一、二次设备事故。

第一节　变电站一次设备事故

案例 1　变电站 220kV TA（电流互感器）内部放电，爆炸事故

一、事故原因

（1）2011 年 4 月 17 日 10：41，某变电站 220kV 2 号母联兼旁路 B 相 TA 爆炸起火。220kV 南、北 Ⅱ 母所有元件跳闸。故障前无操作、系统无过电压、过电流，所以故障不是外部原因引起的。事故调查组判定，本次故障是一次突发性的击穿放电。从故障的 TA 残体判定，U 形导电管底部 TPY 线圈侧为最初放电点。TPY 线圈侧主绝缘在运行中与托架角钢发生摩擦，绝缘被逐渐破坏，最终主绝缘不能承受运行电压，造成金属性放电绝缘击穿。制造工艺不良是引起事故的直接原因。

（2）2012 年 4 月 11 日 21：10，某 220kV 变电站新投运的 220kV TA 的 A 相突然发生爆炸，同时造成 B、C 相 TA 损坏，相邻间隔的 220kV 隔离开关绝缘子和断路器被爆炸的瓷片击毁，220kV 母线跳闸停电。爆炸引起

本间隔运行的 220kV 断路器套管的瓷体断裂损毁。事故调查发现：220kV TA 厂家制造安装时，器身内部少装了一处绝缘固定垫片，运输过程造成内部线圈和部件移位。在投运一个月后，电场将位移的部件逐步击穿，发生 TA 内部放电，爆炸起火。爆炸后的大量瓷片落入 100m 处的 220kV 设备区，落入 50m 处的 2 台主变压器周围，但未造成主变压器设备绝缘子的损伤。TA 爆炸事故现场照片如图 11-1～图 11-10 所示。由于是夜间发生的爆炸事故，未对设备区及周围的人员造成伤害。

（3）2013 年 4 月 24 日 23：02，调度人员发现某 220kV 变电站 220kV Ⅰ、Ⅱ、Ⅲ号母线失压，立即通知运维操作队到现场检查。发现 220kV 2253 断路器间隔 TA（A 相）爆炸，型号为 LVB-220W3 型倒置式 TA。额定动稳定电流 160kA，现场接线变比 1250/1。由于 TA 油量偏少，厂家产品说明书明确运行状态不取油样，运行中未进行油化验技术监督。事故暴露出该类设备存在产品质量问题（经统计该省公司有同型号、同厂家的 TA 共 535 只）。

二、事故分析

（1）TA 内部故障状态隐蔽，事故发生得突然，值班员每天的设备巡视检查，并未发现设备异常状态。事故后发现 TA 顶部的金属膨胀器严重变形。

（2）互感器厂家在安装、试验、出厂检验等项目质量检验把关不严，形成家族性缺陷。设备厂家应从设备原材料出厂检测、制造工艺、出厂检测及运输等各环节进行排查，寻找设备内部缺陷的根源，深入分析TA设备爆炸的根本原因。

（3）变电站运维管理存在技术监督短板。基建阶段安装后未逐台进行交流耐压试验，运行阶段未取油样化验分析。变电站未针对新设备进行红外诊断和特殊巡视。后续发现该产品在其他变电站安装也存在此类缺陷。

三、事故教训及对策

根据《国家电网公司十八项电网重大反事故措施（2018 年修订版）》"防止互感器损坏事故"各项条文要求，将事故信息共享，停止使用此型号设备。

吸取事故教训应做好如下工作：①从互感器出厂到变电站安装过程，需要经过路途运输及装卸环节均会产生局部的振动。设计阶段应重视互感器内部绝缘部件固定的可靠性；②基建阶段的设备安装、试验、验收工作，应按照 GB 50150—2016《电气装置安装工程　电气设备交接试验标准》逐项进行；③运行阶段。变电站缩短新投运设备的巡视周期和加强膨胀器外观、油位、声音等检查。巡视人员注意安全防护，避免人身意外伤害。丰富各类带电检测手段，应用实时带电检测技术，重点做好新设备的运行巡视及技术监督。全面开展设备隐患排查和状态评价分析（包括红外热像进行内部温度分析）；④开展油色谱测试专项应急排查，对在网运行的所有同厂家、同型号设备带电取油样分析。对色谱数据超过注意值的立即安排停电检查或更换；⑤完善变电站视频监控布点和图像系统的视察功能，提高图像像素的精度，完善系统的报警功能，聚焦设备危机缺陷及时发现与事故防范能力。

图 11-1　A 相电流互感器爆炸起火

图 11-2　值班员在爆炸现场灭火

图 11-3　隔离开关被电动力击毁

图 11-4　隔离开关绝缘子被击毁

↗ 图 11-5　击毁的隔离开关绝缘子碎片

↗ 图 11-6　爆炸的电流互感器上部膨胀器
　　　　　突出

↗ 图 11-7　电流互感器瓷体爆炸的碎片

↗ 图 11-8　烧毁的电流互感器一次回路导线

↗ 图 11-9　相邻的 C 相电
流互感器

↗ 图 11-10　爆炸的 A 相电流互感器基座

案例 2　隔离开关触头发热起弧，引发母线短路事故

一、事故原因

　　1998 年 7 月 13 日，某发电厂 5 号机组因 6kV 厂用电事故与系统解列。6kV 母线主进手车开关 6050A 隔离开关虽然插到了位，B 相下触头存在接触不良发热缺陷，造成动触头烧毁，逐步发展为母线支持瓷绝缘子对地闪络事故。

二、事故分析

　　事故演变过程：触头接触不良→发热升温→弹簧软化退火→接头压力下降→接触电阻增大→发热→恶性循环。当断路器备用状态，工作电流中断，隔离开关触头冷却，压力弹簧逐步丧失弹性，触头插接处出现间隙。在合 605A 断路器时，系统并列电源阻抗分配的负荷电流，以及两侧电源因压差产生的环流可达数千安。冲击电流通过隔离开关插头 B 相时，插接处的间隙起弧，弧隙扩展，铜材被高温电弧熔化，挥发出含 Gu+ 的金属蒸气。含有带电离子的气体极大地降低了相间空气间隙的绝缘强度，形成了母线相间飞弧短路的条件。合隔离开关瞬间的操作过电压及触头起弧，加速触发了相间短路。造成隔离开关插头 B 相下动触头烧毁，触片被电弧烧熔。柜内下半部母线尖角处有弧光放电熔铜痕迹，后门严重变形脱落。事故蔓延，短路产生的冲击气浪，使游离烟黑炭粉，铜的金属蒸气等电弧分解物，穿过柜间 3 个 TA 安装位置的孔，迅速向上方母线冲击，流经开关、母线支持绝缘子（表面绝缘破坏），引发母线支持绝缘子对地闪络。

三、事故教训及对策

　　（1）提高手车隔离插头的检修质量，检查插头是否插入到位，压力弹簧是否完好，测试接触电阻。

　　（2）手车开关推入工作位置后，应检查隔离插头插接情况，运行后进行红外线测温。

（3）进一步完善开关柜电缆孔洞封堵、隔离措施。

案例 3 "电流致热型"设备故障及特征

一、事故原因

"电流致热型"设备缺陷或故障，是由设备导电回路的"接头接触不良""设备过载""短路电流"等原因造成的，是电力系统常见的缺陷和故障。"电流致热型"事故可以引起设备的短路、接地等事故，并引发设备的热稳定和动稳定破坏。如图 11-11～图 11-14 所示。

二、事故分析

（1）设计阶段的导体、导线运行截面积不足。

（2）基建阶段的安装存在缺陷，验收把关不严。

（3）运行阶段巡视不到位，未采用先进有效的技术监督方法和闭环管理措施。

三、事故教训及对策

预防"电流致热型"缺陷导致设备事故的方法：①加强设备巡视，保持设备额定电流值的运行状态；②采用红外热像技术全面诊断导电回路存在的发热缺陷；③加强设备运维检修，有缺陷早处理。

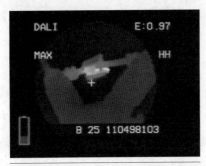
图 11-11 隔离开关触头发热红外热像

图 11-12 隔离开关等过载发热红外热像

图 11-13　动稳定破坏力切断的线夹照片

图 11-14　热稳定破坏力爆裂瓷绝缘子照片

第二节　变电站二次设备事故

案例 1　端子箱管理维护不良，引发保护跳闸事故

一、事故原因

（1）1979 年 5 月 6 日，某 110kV 变电站 4 号主变压器端子箱由于密封不严，未及时清扫，雨天受潮，铝氧粉短接了正极电源端子与重瓦斯跳闸回路端子，连通重瓦斯保护回路，使 4 号主变压器跳闸。

（2）1988 年 4 月 22 日小雨，某 110kV 变电站水西线断路器跳闸，重合不成功，造成两个 110kV 变电站停电。检查发现端子箱密封不严，积灰多，出口中间跳闸触点间隙（1.5mm）在运行中击穿，造成水西线断路器误跳闸。

（3）1999 年 6 月 14 日，某电厂 220kV 东郊变电站 2 号变压器 220kV 副母隔离开关，机构箱内电动机构回路因大雨潮湿，端子排绝缘下降，致使隔离开关自动断开，造成带负荷拉隔离开关。引起副母线 B、C 相接地故障。

（4）2002 年 7 月 1 日，雷雨大风天气，某 220kV 变电站 1 号主变压器跳闸。经检查发现大风将雨水吹进 1 号主变压器室外风扇动力箱，将端子淋湿（因制造工艺不良，箱门变形缝隙较大）。由于箱内"冷却消失跳闸回路"01 号与 13 号线的端子相邻，造成端子之间短路，直接启动跳闸回路。

二、事故分析

（1）变电站室外端子箱、机构箱的制造质量差，端子箱门的密封和孔洞封堵不良，运行维护不到位。

（2）恶劣天气变电站值班员未能及时巡视到位发现问题。

三、事故教训及对策

（1）对污秽区变电站缩短保护回路维护周期，增加恶劣天气的特殊巡视。

（2）制订工作计划，对封闭不严密的端子箱采取防尘措施，定期对端子箱门把手、门轴、密封胶条检查维护。

案例 2　红外热像发现二次回路发热点，进行故障诊断

一、事故原因

某 110kV 变电站进行红外测温，发现 110（母联）断路器端子箱 A2K1、B2KI、C2K1、A2K2 跨条接线处端子温度超标，端子螺钉松动接触不良，间接开路。转移负载后，对二次回路发热故障点进行停电处理。如图 11-15、图 11-16 所示。

二、事故分析

由于端子箱门把手闭锁处锈蚀用钥匙打不开门，值班员长期巡视不到位，未能及时发现发热点，逐步演变为故障状态。

三、故障教训及对策

（1）端子箱门把手及转轴应每年进行上油维护，密封胶条应良好，保持端子箱门开、闭时的正常状态。

（2）值班员巡视二次设备应到位，定期对二次回路进行红外测温。

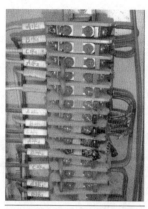
图11-15　端子螺丝松动发热
烧损照片

图11-16　端子螺丝松动发热点红外热像

案例3　工作人员误碰，导致保护动作跳闸事故

一、事故原因

（1）2001年6月8日，某330kV变电站进行主变压器备用电源自投装置安装。该站主变压器保护为集成电路型，高、中后备跳母联1100断路器通过1100中间继电器ZJ带电后使ZJ接点闭合出口跳闸。由于集成电路保护屏内继电器较多，接线复杂，工作人员对回路不熟悉，将1100中间继电器误认为是位置继电器进行按压试验，使1100中间继电器出口输入能量，导致1100母联断路器出口跳闸。

（2）2002年8月6日，送变电公司工作人员在500kV某变电站，打开5042开关汇控柜门检查时，5042开关跳闸。外部检查一、二次设备均无异常，恢复正常送电。经检查发现汇控柜内的"三相不一致继电器"质量存在缺陷，在外部振动时，有发生误动的概率。该开关2001年9月28日投入运行，在有效追溯期内。

（3）2006年5月10日，某500kV线路扩建工程的施工人员，在C相TA接线盒处进行电焊工作。焊枪灼伤TA二次电缆屏蔽层并与电流端子相碰，故障电流通过电流端子窜入母差保护回路，使母差保护误动作。

二、事故分析

（1）工作人员对二次回路不熟悉，现场工作经验不足，缺乏针对性技术培训。

（2）设备质量存在问题，不能适应设备运行维护工作环境，外部振动引起误动。

三、事故教训及对策

（1）公司应定期开展作业人员技术培训和风险辨识，提高现场工作能力。

（2）班组人员进行技术交流和互助学习，班长应带头学习并培养技术骨干，做到技术资源、操作经验共享。

（3）加强二次设备隐患排查，提高设备验收质量和运行维护效率。

案例 4   重合闸时间误整定，造成重合拒动事故

一、事故原因

2000 年，某 330kV 变电站（采用 3/2 接线方式）330 kV 线路更换保护并更新定值，配置独立的断路器重合闸保护，采用单重方式。2002 年该线路发生 A 相单相接地故障，保护单跳，重合闸未动，3s 后三相不一致保护"三跳"。根据保护及自动装置整定规程要求，重合闸延时整定应保证系统稳定性，西北网重合闸延时整定一般短延时 0.6s、长延时 1.2s。

二、事故分析

经现场检查，此线路"保护装置定值单"重合闸长、短延时均整定为 10s，三相不一致时间整定为 3s。因此，当此线路发生单相接地故障而保护单跳后，由于实际重合闸整定延时 10s 大于三相不一致延时，系统不允许长时

间非全相运行，3s 后三相不一致保护出口"三跳"。

三、事故教训及对策

根据事故调查，防止类似事故重复发生，制定现场调试管理措施：①根据保护装置型号及软件程序的不同，编制操作性强的现场检验规程，现场作业指导书；②重视安装、调试、校验各个环节，做好准备工作，保护人员应认真学习装置说明书，熟悉相关图纸资料，研究理解检验内容，熟悉主接线图和二次接线图；③新设备加入运行，保护人员要掌握新设备的原理、性能、技术参数；④重视整定管理，正确、合理地布置各级定值配合。

案例 5　气体继电器因下雨进水，主变压器误跳闸

一、事故原因

2000 年 7 月 9 日，小雨，某 110kV 变电站 1 号主变压器瓦斯继电器（非电量保护）二次接线盒进水，造成气体继电器误动，1 号主变压器跳闸。

二、事故分析

高压试验班工作后，忘记安装气体继电器的防雨罩。变电站值班员验收不细致，未能发现问题，产生安全管理的漏洞。

三、事故教训及对策

变电站主变压器的气体继电器（非电量保护）应做到防水、防振、防油渗漏、密封性好。气体继电器至保护柜的电缆应尽量减少中间转接环节，做好防止误动的各项措施。

案例 6　蓄电池组运行维护不当爆炸事故

一、事故原因

2005 年 7 月 8 日，某电厂在进行蓄电池"均衡充电"时，2 人进行蓄电池电解液密度测量，由于蓄电池上端的防酸隔爆帽被错装成可内外通气的闷帽，且蓄电池室通风口偏低，室内排气不良造成室内上部氢气聚集，108 只蓄电池中有 54 只发生突然爆炸，造成 2 人轻伤。

二、事故分析

（1）变电站采用老式铅酸蓄电池组，需要定期加酸液等，维护工作量大，故障率高。

（2）变电站的蓄电池组运行维护分为浮充电和均衡充电（强充电）。爆炸的蓄电池是在均衡充电时发生的，均衡充电是定期充放电，目的是进行个别落后电池的补充电。均衡充电时蓄电池组充电电流大（约 20A、充电时间 3h），蓄电池内部液体可以看到不断排出的氢气气泡（并温度升高），所以要保证排风通畅。

（3）变电站正常运行时，采取浮充电运行方式，这时蓄电池组充电电流小（维持约 0.5A 的自放电电流），单只蓄电池内部液体看不见气泡，温度无明显升高。

（4）当站用变压器交流电源停止对蓄电池组供电时，蓄电池组（300Ah）需要维持变电站直流母线的负载电流（约 15A），这时才真正发挥着蓄电池特殊供电的功能，提供事故状态下变电站设备的微机保护电源、直流信号、通信电源等。

三、事故教训及对策

（1）供电公司岗位设置的直流专业人员应保持稳定，并进行专业化管理。应发挥专业人员技术优势，从而使蓄电池组和直流系统的运行维护始终保持专业化水平。

（2）事故后采用新式阀控免维护蓄电池，蓄电池组的数据检测能力和自动化调节功能提高。蓄电池不用加酸液，不排酸雾，电极端部采用了绝缘隔离措施，从而提高了安全可靠性和降低了故障率。

（3）避免设计中蓄电池组和继电保护同室运行，发生次生设备事故损坏（例如，2020年5月，某变电站扩建中，由于电建施工人员缺乏直流专业技术及监督指导。在对新装蓄电池进行"均衡充电"时，没有及时调整充电电流，监测蓄电池温度变化，造成蓄电池组着火。由于蓄电池安装在变电站控制保护室，使部分保护控制电缆烧毁）。

（4）《国家电网公司十八项电网重大反事故措施（2018修订版）》15.2.2.2中规定，"两套保护装置的直流电源应取自不同蓄电池组连接的母线段。避免因一组站用直流电源异常，对两套保护功能同时产生影响而导致的保护拒动。"二次设备反事故措施，应重视蓄电池组的运行维护，从设计、基建、验收、运行阶段落实技术及安全管理措施。

第三节　电力火灾事故

案例1　电缆线路长，电容电流超标，接地引发火灾事故

一、事故原因

2005年6月24日，夏季高温天气，某110kV室内变电站10kV线路供电负荷大。一条10kV线路突然发生接地故障，引起该开关柜局部放电。变电站10kV设备均采用电缆出线布置，20条电缆出线的距离长，系统分布的电容电流大。消弧线圈补偿的电容电流约130A，不能满足系统运行的补偿容量。这时该线路断路器拒跳，放电引起的弧光迅速向母线发展，引起高压室内多面10kV高压开关柜烧损。（事故后，新安装运行的消弧

线圈，显示的接地容流为 628.2A）10kV 高压室内浓烟滚滚，看不见室内各设备状态。大量有毒气体生成，消防人员、值班员、检修人员、公司领导和生产部门工程师等到变电站后，被烟雾阻隔在高压室门外。红外诊断中心工程师使用红外热像仪，从一侧门口看到高压室整体火灾事故状态。红外热像仪能在黑暗的浓烟中看到开关柜内火势的逐步发展，工程师则根据火源位置和损坏设备情况，确定起火点及被烧毁开关柜的位置，指导现场设备抢险操作，迅速采取隔离故障点措施。并向抢修人员说明灭火注意事项：不得触摸高温的开关柜，禁止用水灭火，设备停电做安全措施后，才能开始抢救工作。采用红外热像仪快捷高效指导救火是事故应急抢险的典型经验。现场灭火、设备损坏等情况如图 11-17～图 11-32 所示。

↗ 图 11-17　10kV 断路器爆炸烧损

↗ 图 11-18　10kV 电缆终端绝缘子烧损

↗ 图 11-19　消防人员现场灭火

↗ 图 11-20　检修人员清理火灾现场

↗ 图 11-21　现场烧毁的断路器

↗ 图 11-22　现场烧毁的断路器触头

↗ 图 11-23　开关柜内部着火红外热像

↗ 图 11-24　现场烧毁的开关柜

↗ 图 11-25　开关柜内部着火红外热像

↗ 图 11-26　烧毁的开关柜局部

↗ 图 11-27　电容器局部放电

↗ 图 11-28　电容器内部爆炸

↗ 图 11-29　消防员现场灭火的红外
热像

↗ 图 11-30　开关柜内部一次设备烧损

↗ 图 11-31　开关柜内部二次线路烧损

↗ 图 11-32　开关柜内部二
次设备烧损

二、事故分析

（1）该变电站 10kV 母线供电有 20 回路电缆出线，线路距离长，分布的电容电流大。消弧线圈运行补偿的电容电流（约 130A），不能满足系统运行的补偿容量（628.2A）。当中性点不接地系统发生单相接地时，流过接地点的电容电流较大。在接地点燃起电弧，引起弧光过电压使设备绝缘损坏造成短路事故。10kV 系统电容电流超过 20A 时，运行母线应安装投入消弧线圈。

（2）在中性点非直接接地电网中发生单相接地故障时，由于故障点的电流相对较小，而且三相之间的电压仍保持对称，对系统负荷供电没有较大影响。一般情况下允许持续运行 1~2h，只发出接地信号，设计的局部供电方式，不执行立即跳闸。这种不跳闸选择在实际运行时，则触发多种事故甚至造成大面积火灾。该类事件困扰调度与运行单位多年，逻辑关系较难处理。

三、事故教训及对策

（1）暴露出变电站生产运行管理不规范、设备缺陷管理不严格、技术管理存在漏洞等问题。变电站 10kV 系统电缆出线多、电容电流大，消弧线圈未能正常投入并进行有效补偿。事故后安装了容量较大的消弧线圈。恢复各 10kV 线路（20 回路）运行，运行中消弧线圈装置检测到的系统接地电容电流 628.2A，如图 11-33、图 11-34 所示。

（2）根据《国家电网公司安全事故调查规程》中的"四不放过"原则，省公司要求对于电容电流严重超标的变电站，按计划完成对消弧线圈的改造、消缺，并将对整改完成情况跟踪考核。其他变电站新安装的消弧线圈及运行状态参数，如图 11-35 至图 11-38 所示（该变电站 10kV 系统运行 12 回路，负荷电流 751A，消弧线圈接地容流 117.7A，电压 10.4kV，接地感流 106.3A）。在规定时间内不能按计划完成改造、消缺的变电站，调度部门将母线分裂运行，降低其电容电流。

（3）加强运行管理，要限期完善各变电站小电流接地选线装置。变电站发生单相接地后要立即处理，尽快排除故障点。但发现单相接地对人身或设备安全有危险时，则应动作于跳闸。

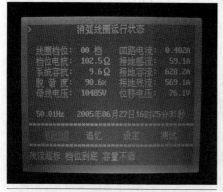 

↗ 图 11-33　消弧线圈运行状态局部参数照片　　↗ 图 11-34　消弧线圈运行状态屏柜照片

《国家电网公司十八项电网重大反事故措施（2018年修订版）》14.5"防止弧光接地过电压事故"要点。

（1）对于中性点不接地或谐振接地的6~66kV系统，应根据电网发展每1~3年进行一次电容电流测试。当单相接地电容电流超过相关规定时，应及时装设消弧线圈；单相接地电容电流虽未达到规定值，也可根据运行经验装设消弧线圈，消弧线圈的容量应能满足过补偿的运行要求。在消弧线圈布置上，应避免由于运行方式改变而出现部分系统无消弧线圈补偿的情况。对于已经安装消弧线圈，单相接地电容电流依然超标的，应当采取消弧线圈增容或者采取分散补偿方式。如果系统电容电流大于150A及以上，也可以根据系统实际情况改变中性点接地方式或者采用分散补偿。

（2）对于装设手动消弧线圈的6~66kV非有效接地系统，应根据电网发展每3~5年进行一次调谐试验，使手动消弧线圈运行在过补偿状态，合理整定脱谐度，保证电网不对称度不大于相电压的1.5%，中性点位移电压不大于额定相电压的15%。

（3）在不接地和谐振接地系统中，发生单相接地故障时，应按照就近、快速隔离故障的原则尽快切除故障线路。对于与66kV及以上电压等级电缆同隧道、同电缆沟、同桥梁敷设的电缆线路，应采取有效防火隔离措施并开展安全性评估。当发生单相接地故障时，应尽量缩短切除故障线路时间，降低发生弧光接地过电压的风险。

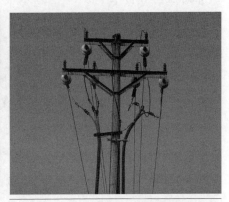

↗ 图 11-35　变电站 10kV 消弧线圈运行局部照片　　↗ 图 11-36　运行的 10kV 线路电缆接线照片

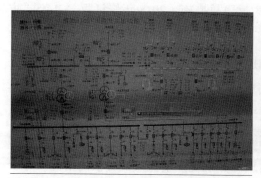

↗ 图 11-37　变电站一次系统运行参数图照片　　　↗ 图 11-38　变电站 10kV 母线接地容流参数照片

案例2　油管法兰漏油，引发机组着火事故

一、事故原因

　　某电厂2号机为某汽轮机厂生产的超高压、一次中间再热、三缸两排汽凝汽式200 MW汽轮机组，1996年投产发电，2004年机组进行过一次大修。2006年7月20日，2号机组带满负荷200 MW运行，主蒸汽压力为12.72 MPa，再热蒸汽压力为2.14MPa，轴向位移为0.62mm，高/中/低压差胀为5.12mm/1.45mm/2.07mm，调速油压为2.01 MPa，润滑油压为0.12 MPa，其他各参数均较正常。15:02中压油动机突然关闭，机组负荷由200 MW甩至108 MW，机侧主蒸汽/再热蒸汽压力上升为13.23MPa/2.67MPa，轴向位移为0.03 mm，高/中/低压差胀为5.64mm/0.89mm/2.07mm。与此同时，锅炉再热器进口甲1、甲2和乙1的安全门动作。发现中压油动机关闭并在该处起大火，立即组织人员灭火并报火警。由于火势较大，一时找不到漏油点。15:05经进一步仔细检查，确认为中压油动机进油管法兰垫子被冲破，压力油外漏造成起火，即就地打闸紧急停机，调速油泵联动，立即停调速油泵，启动交流润滑油泵运行；锅炉MFT灭火保护动作熄火，发电机逆功率跳920号开关，

2号机组与系统解列。与此同时，因中压油动机进油为压力油，漏油较多，从 10m 层流到 5~3m 层，并有大量油渗入保温层内。在中压缸前南侧下部及 5m 层管道上多处起火，由消防人员及时扑灭。检查发现，着火点附近多根电缆烧损，并遥测中压调门电动执行机构 3 根电缆绝缘为 0。

二、事故分析

（1）设备大修时质量验收把关不严格。油管通流法兰采用的耐油纸板垫子疏松、粗糙，且用手工制作，缺陷导致该垫子在运行中被冲破，并发生漏油。

（2）电厂各级质量检查人员对外包项目检修全过程的质量监督不到位，留下事故隐患。

三、事故教训及对策

（1）设备检修安装工艺问题。该进油管法兰垫是 2004 年 2 号机组大修时更换的，材料是绿色耐油纸板垫子，较脆、疏松、粗糙，且用手工制作。检查发现，垫子下端插入过多，只有 2~3 mm 垫子压在法兰下。上部有 20 mm 的垫子在油管通流部分中，造成油管进油阻力大，对垫子冲刷力大。该法兰垫子密封面没有涂密封胶，时间一长，就有油浸入垫子。纸垫厚度为 3mm，用手轻轻一捏就断，缺陷导致该垫子在运行中被冲破，并发生漏油。

（2）该法兰垫子为 2004 年大修中更换的，各级质检人员对设备检修质量监督不到位，留下了事故隐患。

（3）对油系统管道等附近的热力管道没有外包铁皮，造成漏油渗入保温层内着火。

（4）吸取事故教训，应规范检修工艺，对油系统管道的平口法兰逐步实施改造。

案例 3　动力电缆中间接头接触不良，造成电缆沟失火事故

一、事故原因

（1）1997 年 7 月 20 日，某发电厂发生了烧毁电缆主沟、支沟内动力电缆，控制电缆 376 根，严重损坏一台 200MW 机组高压厂用变压器，造成 8、9 号机组紧急停机。8 月 18 日 8 号机下面电缆支沟又一次着火，再次烧毁了动力电缆和控制电缆 64 根。

（2）1998 年某 110kV 变电站，因下雨控制室电缆沟进水，380V 交流电缆中间接头绝缘损坏，造成两相短路起火，被值班员发现及时扑灭。

（3）2000 年 6 月 28 日，某第二发电厂 5 号主变压器南侧电缆沟内电缆着火。一根 220V 直流电缆有两处短路烧断点，有电弧烧瘤现象，并将沟内部分电缆烧毁。造成 220kV 失灵保护电缆芯线短路，保护动作使 220 甲乙母线上的全部元件及三台机组全部跳闸，全厂停电。主沟内位于着火区的电缆和 5 号机分沟内的电缆全部烧损，直接经济损失 33.5 万元。

二、事故分析

（1）由于电缆中间接头通常是在现场手工制作，受现场条件限制，存在制作工艺不良的电缆中间接头，是电缆绝缘、导电性能的薄弱环节。

（2）电缆中间接头过热，无有效技术监测手段。据调查发现位于主沟内的转弯处为原发点（电缆型号为 VLV22-2X70），且铝芯烧断约 30cm，着火范围约 10m。

三、事故教训及对策

（1）电气设备设计不良、制造缺陷、施工质量差等形成火灾隐患，通过运行中电阻发热或放电引起火灾。防火方法：清除火源（停电）、隔绝空气（灭火器）、控制可燃物（使用防火材料）、阻止火势（防火墙）。

（2）电缆中间接头不应放在电缆沟、电缆隧道、电缆槽盒、电缆夹层内。对放在这些地方的动力电缆、中间接头必须登记造册。按规定进行预防性试验，加强监视（红外测温），发现过热点及时处理。国家电网公司 2014～2018 年《安全生产事故（事件）分析报告》指出："加快城区薄弱电网补强工程和配套工程建设，优化运行方式，提高城市电网供电可靠性。严格落实反事故技术要求，加强新投运电缆隧道验收管理及电缆通道运维管理；积极探索应用先进技术，及早发现电缆运行隐患；研究改进城市变电站 10kV 系统中性点接地方式，提升城市配电网安全可靠性。"

（3）动力电缆中间接头盒两侧隔防火包带，靠接头附近的电缆刷防火漆，设置防火隔墙。

案例 4　站用变压器低压电缆沟着火，三台主变压器降载运行事故

一、事故原因

2008 年 7 月 22 日，某 500kV 变电站发生站用电低压电缆沟着火事故，造成站用电系统全停，三台主变压器因冷却系统停运被迫降负荷运行，四回 500kV 线路和四回 220kV 线路的保护用光缆及高频电缆烧毁，线路失去主保护。

该变电站 2004 年 6 月投运，变电站共有 750MVA 主变压器（OBFPS-250MVA/500kV3×250MVA）3 组，500kV 部分采用 3/2 接线，共有 1 个完整串，4 个不完整串，4 条出线。220kV 采用双母双分段接线方式，共有出线 14 回。变电站共有 0 号、1 号、2 号三台站用变压器。380V 站用电为单母分段接线，0 号站用变压器低压侧经两只空气开关分别接至 380V Ⅰ、Ⅱ段母线，作为 2 台所变的备用电源，采用手动切换方式。三台站用变压器低压侧通过每相 2 根 500mm 单芯电力电缆并联接入所用电屏。事故前站用电系统运行方式为：1 号站用变压器供 380V Ⅰ段母线，主要负荷为 2 号、4 号主变压器压强冷却系统、直流 1 号、2 号充电机、51、21

继保小室；1 号站用变压器带负荷 48kW。2 号站用变压器供 380V Ⅱ段母线，主要负荷为 3 号主变压器冷却系统、直流 3 号充电机，52、22 继电保护小室，2 号站用变压器带负荷 40kW；0 号站用变压器充电备用。

二、事故处置情况

（1）20：32：11，4 号主变压器冷却系统电源故障报警，且伴有间隔在 160～180ms 的间断恢复过程，确定故障起始点为 1 号站变压器低压侧电缆发生单相接地短路故障，站用电 380V Ⅱ段母线失压。

（2）20：35 值班员发现站用电室电缆沟冒烟起火，立即拨打 119 火警电话，并汇报省调及地调。20：40 值班人员打开电缆沟盖板使用干粉灭火器灭火，阻止火势蔓延。21：00 市消防车到达现场使用的是消防水车，不能进行电气火灾灭火，请求增援泡沫消防车。22：30 市消防支队两辆泡沫消防车到达现场，22：40 电缆沟明火被扑灭。

（3）电网应急处置情况，省、市公司启动应急预案。为防止主变压器温升过快，紧急将主变压器负荷控制至额定容量的 60%。为防止直流电源消失后变电站全停，省调紧急将宁绍三回 220kV 线合环运行。市公司抢修人员及应急发电车、照明车赶至现场，开展应急处置及恢复工作。23 日 0：40 恢复直流系统交流工作电源；通过发电车恢复 3 号、4 号主变压器冷却系统供电。5：21，3 号、4 号主变压器冷却系统恢复所用电供电。7 月 23 日（次日）11：12 500kV 线路恢复正常方式运行。事故累计损失电量 230.8 万 kWh。

三、事故损失及影响情况

（1）经现场勘察，电缆沟主要着火部位为所用电室进出线电缆沟第一直角转弯处，电缆沟过火长度约 13m。该电缆沟内 122 根电缆（光缆）遭受不同程度损伤；其中烧损 380V 所用电缆 51 根；通信光纤和高频电缆 13 根。在高压设备区电缆沟内还发现另外 4 处电缆起火点（均自熄），所有起火点均位于电缆支架处。5 处起火点中有 3 处发生在电缆转弯处，2 处发生在电缆直线段。对事故电缆剩余部分外观检查发现，电缆外护套层在电缆支架处均存在明显压痕。

（2）因同沟敷设的保护用光缆和高频通信电缆相继被烧断，变电站四条 500kV 线路的八套保护和四条 220kV 线路的 7 套保护通道中断，主保护告警，被迫改为终端变运行方式。另外，因所用电屏至充电机室电源电缆烧毁，直流系统交流充电电源中断，全站保护及自动装置仅靠蓄电池供电。

四、事故分析

公司组织专业管理人员及电缆设计、制造、施工、研究试验方面的专家，开展事故调查。根据现场勘查、原始资料、试验结论，确认事故原因：

（1）变电站所用电低压电缆设计选型采用磁性钢带铠装的单芯电力电缆（VV22-0.6/11×500，违反了《电力工程电缆设计规范》"交流单相回路的电力电缆，不得有未经非磁性处理的金属带、钢丝铠装"的规定。电缆在运行中长期存在磁性铠装层涡流发热，电缆内外护套层绝缘老化加速。

（2）敷设施工过程中转角处电缆外护套局部绝缘层拉薄，电缆磁性铠装层存在涡流，对电缆支架持续性间隙放电并形成环流。铠装层局部出现过热，致使电缆主绝缘层逐渐融化并击穿，引发单相接地短路故障，最终导致电缆起火燃烧。

（3）变电站用变压器高压熔断器熔体设计配置上未对熔体保护范围和动作可靠性，进行严格计算校核，存在保护死区。因此当电缆末端单相故障时不能可靠熔断，无法快速切除电缆故障。

五、事故教训及对策

（1）电缆选型存在严重失误。设计人员也未按新标准（2002 版）及时修改设计选用的电缆型号（新标准应为 VV62），导致工程中使用了铠装层防磁性差的单芯电力电缆（VV22 型号）。

（2）站用变压器高压熔断器熔体设计配置不当。站用变压器至站用电室之间使用长距离的电缆，熔体规格选择错误，导致保护上存在死区，不能可靠快速切除电缆末端故障。

（3）项目建设单位管理把关不严，存在"重高压、轻低压；重主设备，轻辅助设备"的问题。监理单位未发现设计和施工质量问题。施工单位在电缆敷设过程中未采取有效保护措施，致使电缆外护套层局部绝缘层受损拉薄，遗留了事故隐患。运行单位对所用电系统不重视，运行维护工作不到位。供货厂家质量有问题，电缆存在绝缘电阻不达标、绝缘厚度不均、钢带向绝缘层方向内嵌等质量缺陷。

（4）低压电力电缆与保护、控制电缆同沟布置。发生火灾极易波及同沟的控制电缆。

（5）防火重点是高压室、保护室、电缆沟、电缆夹层。通往高压室、控制室墙体的电缆通道铺设大量电缆，电缆及管线在穿过屏障时形成的各种开口，起火时形成拔风口，给防火埋下了隐患。阻止电缆火灾延燃、窜燃、蔓延扩大和有毒烟气渗透的措施是防火封堵。

（6）国家电网公司 2014～2018 年《安全生产事故（事件）分析报告》指出："应加强站用交直流系统专业管理，严格落实反事故措施，提高设备运检水平和隐患排查治理能力，做好变电站直流系统改造过程中的风险分析和管控。重视二次系统的技术和运维管理，完善细化运行规程，加强专业技能培训。加强合并单元等智能变电站关键公用设备的质量控制，对单个元件故障导致多设备跳闸或对电网安全运行影响较大的，及时进行分析研究，制定完善整改措施。"

案例 5　仓库内吸烟，汽油着火 3 人烧伤事故

一、事故原因

1988 年 10 月 14 日，某电业局雇用的民工队去仓库倒汽油稀释机油。与此工作无关的民工也尾随进入仓库，仓库管理员未及时制止。在倒完汽油后，民工邵某随手打着了打火机吸烟，引起手上沾有的汽油着火，邵某在惊慌中扔掉了着火的打火机，随即将地面上的汽油及桶内的汽油一起引

燃。另一民工见此情况，忙把着火的油桶向仓库外拖，由于慌乱，使桶内的汽油溅到其他三名民工身上着火。一民工跑出仓库外 40m 才把身上的火熄灭，该民工被烧成重伤，其他两人轻伤。

二、事故分析

（1）仓库管理员未严格执行仓库防火制度，警惕性不高，使无关人员擅自进入仓库，并且未进行危险告知和纪律约束。

（2）民工无知，携带打火机进入仓库，并在危险品前吸烟，引起火灾事故。

三、事故教训及对策

（1）单位领导缺乏对仓库的火灾隐患排查和在岗职工的安全教育，仓库重点防火要求明确规定"严禁烟火！"却不能落实。

（2）仓库缺乏来人登记制度和必要的询问方式，管理粗放。特别是应加强易燃易爆物品的管理。

（3）开展相应的基础消防知识培训，建立火灾事故应急响应机制。

（4）按标准配置灭火器材并进行定期检测维护，相关人员熟练掌握灭火器的使用方法。

案例 6 环卫工人引燃垃圾，造成通信楼火灾事故

一、事故原因

1998 年 2 月 20 日，清理垃圾通道的市环卫工人，用打火机点燃通信大楼垃圾通道出口处的废纸等物，燃烧物从电缆沟盖板缝隙落入，引燃电缆竖井的电缆。通信大楼的电缆竖井、动力电缆和控制电缆被全部烧坏。大楼顶层的微波通信设备因热浪烧烤，损失严重。与竖井毗邻的部分设备、办公用具受损，京广微波部分通信干道中断、电业局内外通信中断。事故造成的经济损失约 150 万元。

二、事故分析

（1）公司领导不重视通信电缆重点部位防火，未进行火灾隐患排查。

（2）调度中心管理工作不全面，缺乏事故预想，多年来大楼竖井内电缆入口未封堵隔离。

（3）火势进入高约 40m 的大楼竖井内，由烟囱拔风效应引发大楼顶层的设备受损。电缆火灾的特点：火势凶猛，延燃迅速，分布密集，扑救困难，并有二次危害。

三、事故教训及对策

（1）电缆沟设计位置不合理，没有独立进行敷设布置和安全管理。电缆竖井没有采取封闭隔离措施，高差形成自然抽风，一旦失火，形成烟囱效应就很难控制火情。

（2）开展相应的基础消防知识培训，建立火灾事故应急响应机制。

（3）对影响安全生产的环境进行治理，及时清理易燃物品，发现隐患尽快处理。

（4）电缆沟及电缆竖井进出线沟道口，应有明确的"禁止烟火！"的警示标识，电缆沟采取全封闭措施。防止电缆火灾延燃的技术措施有封、堵、涂、隔、包等。防止电缆着火延燃的管理措施应从设计、安装、运行三个方面考虑。

第四节　变电站接地网事故

接地装置分为输电线路杆塔接地装置与发电厂、变电站及配电用电设备接地装置等。发电厂、变电站接地装置，集中安装在发电机、变压器、断路器、互感器及各种控制屏（柜）等设备上。在避雷针（线）和避雷器附近，加设防雷接地体泄放雷电流。以满足工作接地、保护接地及防雷接地的要求，称为主接地网。接地装置原理是通过金属接地装置，将事故状态下的大电流导入大地，起到保证人员和设备安全的作用。电气设备的构架或外壳部位与土壤间作良好的电气连接称为接地。与土壤直接接触的金属体称为接地体，连接于接地体与电气设备之间的金属导线为接地线，接地线和接地体合称为接地装置。接地装置采用圆钢、扁钢、角钢、铜棒等材料。

案例 1　主变压器间隔接地网锈蚀，烧毁二次设备事故

一、事故原因

2012 年 3 月 19 日，某 220kV 变电站 2 号断路器 A 相支持绝缘子闪络接地故障，故障电流 11.6kA，1 号主变压器差动保护正确动作，跳开主变压器三侧断路器。绝缘子闪络故障期间 2 号主变压器中性点电位升高，故障电流通过中性点接地隔离开关入地。由于该处接地网锈蚀严重，接地电阻大，使地电位升高。高电压无规则在主变周围流散，击穿端子箱内的直流回路，接地电压窜入 2 号主变压器差动保护的电流回路，造成 2 号主变压器间隔端子箱内的端子排、保护二次接线烧损。高压窜入继电保护室二次回路，造成 2 号主变压器保护屏端子排、保护线、保护模块烧损。经试验和检查，发现 2 号主变压器周围的接地网扁钢锈蚀严重，检修班随即进行新接地网的全面铺设焊接，接地网试验合格，主变压器等设备恢复正常运行。因接地网扁钢局部锈蚀及过电压损毁的二次设备如图 11-39～图 11-50 所示。

无独有偶，与该变电站相联系的另一座 220kV 变电站，也曾经发生主控室保护屏端子排及电缆线无故突然着火的现象。同时继电保护班多方排查原因，还发现部分电缆线发热鼓肚的现象。继电保护班多次查找原因，未能找到根源。但从上述案例发现的问题来看，另一变电站端子排、保护线受损，应该与过电压及接地网的锈蚀缺陷有关。

二、事故分析

（1）安装、运维环节出现管理失误。基建阶段扁钢的安装施工工艺未按照标准进行。检查发现：未采用镀锌层扁钢，焊接的截面不合格并未按照规

定刷防锈漆，扁钢周围未用细土夯实。不良的运行条件，造成主变压器处的接地网扁钢严重锈蚀，扁钢的截面积减小后，热稳定不能满足最大故障电流的要求。

（2）设计与技术环节出现管理失误。未重视继电保护二次回路的接地问题，并定期检查这些接地点的可靠性，是造成2号主变压器间隔的端子箱的端子排、保护二次接线烧损的原因。

↗ 图 11-39　主变压器处接地网开挖维修

↗ 图 11-40　主变压器中性点接地隔离开关

↗ 图 11-41　主变压器保护屏

↗ 图 11-42　主变压器保护屏二次线烧损

↗ 图 11-43　主变压器保护屏背板接线烧损

↗ 图 11-44　主变压器保护屏背板接线烧损

图 11-45　主变压器端子箱二次线烧损

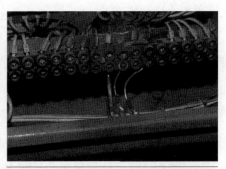
图 11-46　主变压器端子箱二次线烧损局部

图 11-47　主变压器保护屏背板接线烧损

图 11-48　主变压器端子箱二次电缆线烧损

图 11-49　主变压器接地网扁钢严重锈蚀

图 11-50　主变压器接地网局部检修

三、事故教训及对策

　　大气腐蚀是暴露在空气中金属的腐蚀，大气主要成分是水和氧气，水与氧气是决定腐蚀速度的要因。接地装置的接地体（水平或垂直）大都埋在地下长期运行。土壤的腐蚀条件、腐蚀过程，极易发生接地体腐蚀。接地装置应按标准埋深，回填土要回填细土并夯实。不能用碎石或建筑垃圾回填，透气性会加快接地体腐蚀。

学习并落实《国家电网公司十八项电网重大反事故措施（2018年修订版）》。吸取事故教训查找变电站接地装置在设计、安装、运维环节的薄弱点和缺陷，相关条款如下。

14.1.1.4 变压器中性点应有两根与地网主网格的不同边连接的接地引下线，并且每根接地引下线均应符合热稳定校核的要求。

14.1.1.10 变电站控制室及保护小室应独立敷设与主接地网单点连接的二次等电位接地网，二次等电位接地点应有明显标志。

15.6.2.6 为防止地网的大电流流经电缆屏蔽层，应在开关场二次电缆沟内沿二次电缆敷设截面积不小于100mm²的专用铜排（缆）；专用铜排（缆）的一端在开关场的每个就地端子箱处与主地网相连，另一端保护室的电缆沟入口与主地网相连，铜排不要求与电缆支架绝缘。如图11-51~图11-54所示。

15.6.2.7 接有二次电缆的开关场就地端子箱内（汇控柜、智能控制柜）应设有铜排（不要求与端子箱外壳绝缘）。二次电缆屏蔽层、保护装置及辅助装置接地端子、屏柜本体通过铜排接地。铜排截面积应不小于100mm²，一般设置在端子箱下部，通过截面积不小于100mm²的铜缆与电缆沟内不小于的100mm²的专用铜排（缆）与变电站主地网相连。

15.6.2.8 由一次设备（如变压器、断路器、隔离开关和互感器等）直接引出的二次电缆的屏蔽层应使用截面不小于4mm²多股铜质软导线，仅在就地端子箱处一点接地，在一次设备的接线盒（箱）处不接地，二次电缆经金属管从一次设备的接线盒（箱）引至电缆沟，并将金属管上端与设备底座或外壳焊接，金属管应在距一次设备3~5m之外与主接地网焊接。

15.6.3.1 规划二次电缆路径，避开高压母线、避雷器、避雷针的接地点，并联电容器、电容式电压互感器及电容式套管等设备；减少迂回以缩短二次电缆的长度。

15.6.4 重视继电保护二次回路的接地问题，并定期检查这些接地点的可靠性和有效性。

图 11-51 保护屏柜体铜质接地线

图 11-52 主变压器端子箱柜体铜质接地线

图 11-53 变压器器身铜质接地线

图 11-54 电缆沟敷设的铜质接地线

案例 2 因接地网不合格，雷击造成变电站设备损坏事故

一、事故原因

1986 年 4 月 25 日，某 220kV 变电站上空雷雨。0:40，值班员巡视检查室外两台主变压器端子箱是否关好。0:58 控制室警铃响，出现"35kV 母线接地"光字牌，立即复归。1:05 一声雷响，室外 35kV 母线处火光冲天，控制室照明熄灭，且无任何光字牌及音响信号。35kV 操作控制盘及保护盘着火，主控室火势严重。值班员判断为主进断路器出了问题。值班长将 34、35 号断路器和主变压器各侧断路器扭向跳闸位置。就地取干粉灭火器，对操作盘和保护盘进行灭火，将控制室火扑灭。站长见 35kV 母线着火，打开灭火器准备灭火，只见该处一片蓝光，随风飘向天空，照得变电

站通亮，并伴有"噼啪噼啪"连续爆炸声，1号主变压器着火，呼唤大家去主变压器处灭火。到现场后发现1号主变压器防爆管喷油着火，火势凶猛，浓烟滚滚，值班员冒着生命危险奋力扑救。同时通信电缆也着火，全站对外通信中断。由于通信值班人员迅速将通信室火扑灭，保住了一个微波电话，向上级汇报了事故情况。1:25（20min）将主变引起的火全部扑灭。35kV母线处的火，在大雨淋浇下，于1:19自行熄灭。事故后变电站35kV、110kV母线均停电，夜里该站无照明（平时应备用手电筒和应急蓄电池灯），全站无操作直流电源。220kV母线及三条线路均在无保护情况下运行。事故后首先恢复站用电（从35kV油田线返送站用变压器），抢修220kV线路高频保护，恢复2号主变压器运行。

35kV系统发生多相对地弧光闪络，使不合格的接地网络（ϕ8圆钢）承受超过热稳定极限的接地短路电流而被烧断，引起地网电位升高，击穿交直流二次操作控制和保护装置的电缆和通信电缆。高电压窜入二次系统，造成所用电源中断，35kV系统的二次设备，通信载波机损坏。造成1号主变压器（三绕组，9万kVA，铝芯，薄绝缘）局部损坏。

该事故是继1984年7月31日江西某电厂接地网事故，1985年3月13日该区域某变电站接地网事故之后，又一次发生接地网被工频接地短路电流烧断的事故。尽管三次事故的起因不同，但都造成高电压窜入低压系统而使事故扩大，造成主设备严重损坏的恶性事故。

二、事故分析

（1）事故数据收集。事故后测试全站五座避雷针，除1号避雷针接地电阻为2Ω外，其他均在0.5Ω以下。设备接地电阻，除35kV故障点附近设备接地电阻最高达100Ω外，其他110kV、220kV及两台主变压器接地电阻，均在0.5Ω以下。接地网检查结果：变电站内主接地网设计为40mm×40mm扁钢，开挖两处检查，实际为ϕ8圆钢。35kV线路检查结果：34号线路共有43级混凝土杆塔，1~20号杆有9处故障（烧断线2处，绝缘子烧碎两处，绝缘子有放电痕迹2处，导线有烧伤痕迹3处）。避雷器检查结果：除35kV母线避雷器多次动作以外，其他避雷器均未动作。

（2）事故起因。由于变电站 35kV 潜 34 线路上多次遭到雷击，雷电行波进入变电站引起 35kV 母线避雷器多次动作（A 相 5 次、B 相 1 次、C 相 6 次），并引起 35kV 系统单相接地。因接地电容电流达 20A 以上不能灭弧（变电站 8 条 35kV 线路共长 203.4km），引发过电压。因久旱下大雨，设备外绝缘降低，不同构架上绝缘子闪络接地，通过不同构架的水泥杆内部的预应力钢筋，经过接地网传输，造成大范围的两相或三相短路，致使构架接地线及接地网烧断。并使接地处地电位升高，造成断路器端子箱和电缆沟低压电缆绝缘击穿。

（3）事故扩大原因。变电站主要设备构架接地线为 $\phi6$ 和 $\phi8$ 截面圆钢，接地主网接地线为 $\phi8$ 截面圆钢（截面太小）。当 35kV 系统短路电流通过设备区地网时，保护还来不及跳闸，地网已经烧断，地电位升高，操作直流熔断。致使 35kV 断路器不能跳闸，因而扩大至主变压器内部及 110kV 母线故障。因 110kV 及 220kV 操作直流熔断器熔断较晚，最后两台主变压器保护动作跳闸切除故障。

三、事故教训及对策

（1）设计阶段及基建施工阶段出现质量问题，竣工验收把关不严。接地主网接地线使用 $\phi8$ 截面圆钢不能满足系统短路容量热稳定的要求，违反《交流电气装置的接地设计规范》（GB 50065—2011）等规定。

（2）公司领导不吸取事故教训，没有坚持"三不放过"的原则，安全措施未落实，隐患未消除，一年多该变电站接地网未检查，消弧线圈不投运，致使雷害事故扩大。"安全情况通报第七期"省局领导批示；事故起因在老天，根源在部分领导头脑中安全意识淡薄。

（3）公司技术管理制度不健全，（接地网）地下隐蔽工程无台账。有关基层单位未进行接地网的技术监督和运行维护。

（4）省电力局下达的反事故措施如下：①凡不接地系统（66kV、35kV、10kV）接地电容电流达到规程规定不能自行灭弧，必须加装消弧线圈，并经计算和实测，作好调谐试验投入运行；②对全省 220kV 变电站的接地网及设备，测试接地值、进行短路热稳定核算。进行全面检查（地网挖开抽查），凡截面太小或地网腐蚀者应采取补救措施；③变电站 35kV 架空线均应装设架空地线；④变电站的绝缘子要定期清扫，防止污闪；⑤变压器低压侧断路器应采用快速保护切除母线故障；⑥今后规划设计 220kV 及以上变电站，尽量不带 10、35kV 线路用户，以提高主网变电站的可靠性；⑦电缆沟的每个支架必须接入地网，以使二次电缆外皮偶然带高压电时，能沿支架泄流，降低电位，防止高压进入控制室直流系统及二次保护系统；⑧二次电缆与高压电缆必须分沟敷设；⑨加强雷电观察，全系统的 220kV 以上变电站的避雷针应加装磁钢记录器；⑩通信电缆必须专沟敷设。通信用交流电源，要经隔离变压器后，再用于通信机。通信蓄电池要采用两套；⑪基建施工单位，对工程质量要认真负责，坚持按图施工，坚持质量监督检查。

案例 3　开关柜绝缘故障，高电压窜入直流回路事故

一、事故原因

　　1999 年 7 月 20 日，某 220kV 变电站 10kV B 段母线连续投运三组电容器后。2 号主变压器 10kV 侧主进隔离开关插头柜内纸绝缘隔板，因积尘严重，多雨受潮绝缘下降，发生相间闪络三相短路。因为 10kV 配电室接地网与主网没有连接，所带的高电位经开关柜内烧焦、裸露的控制电缆，直接窜入主控室的直流回路，致使直流控制电源消失。故障点逐渐发展为 1 号主变压器 110kV 出口三相短路故障，后发展为 220kV 母线三相短路。由于 220kV 和 500kV 系统电压严重降低，无功缺额大，导致电气距离比较近的 500kV 系统机组和 220kV 系统机组强励磁动作。

二、事故分析

（1）变电运维设备管理失误。设备维护不当，开关柜绝缘隔板积尘，雨天受潮造成闪络放电。

（2）调度值班员技术管理失误。电容器投入过量，造成母线运行电压偏高，不利于雨天运行的绝缘子防污闪。

（3）变电运行反事故措施技术不落实。10kV 配电室接地网与主网没有连接。

三、事故教训及对策

（1）10kV 侧主进隔离开关插头柜设计存在绝缘爬距不足，维护清扫不到位，缺乏有效技术监督，导致多雨天气绝缘子受潮放电。

（2）802 断路器开断失败是导致这次事故的主要原因。对于低压侧有电抗器的变压器没有考虑低压侧短路而低压断路器拒动时，及时跳开高、中压侧断路器的措施，导致事故扩大。

（3）2 号主变压器差动保护 10kV 侧 TA 位置距 802 断路器较远、后备保护灵敏度不够。

（4）直流操作电源消失是导致事故扩大的主要原因。变电站两段母线运行时，直流电源可靠性降低。

（5）10kV B 段配电室接地网与主接地网没有连接，开关柜接地不良，致使发生异点异相接地短路时，开关柜产生高电位窜入主控室的直流回路，致使直流控制电源消失。

（6）主控室着火暴露出模拟屏、顶棚三合板和墙裙为可燃材料，使火势加剧蔓延。

（7）变电站事故由一处故障引发连锁反应，反映该单位的设备管理状态粗放。从接地网安装环节到验收及试验环节，修试工区、变电工区、运维检修部主任工程师未能发现重大安全隐患问题。该公司主管生产的总经理、总工程师对现场工作缺乏技术指导、缺乏安全检查。对技术监督工作不重视，致使各方面设备管理工作失误，处于被动挨打状态。

案例 4　接地网电阻率高，地电位升高造成事故扩大

一、事故原因

（1）1977 年 1 月 16 日，四角形接线的 220kV 变电站发生三只变流器、一只支持绝缘子闪络接地事故。由于接地网电阻率高，使地电位升高，户外的 TA、TV 接地线将高电压引入控制室、保护室，而烧坏控制电缆，接入电压、电流回路的阻抗保护、方向元件、差动保护继电器等全部烧坏。

（2）1980 年 1 月 29 日，某发电厂一条 220kV 线路 A 相线路 TV 爆炸，由于故障电流大，接地网地电位升高严重，高电压窜入二次回路，直流熔丝烧断，线路纵差保被损坏造成拒动，造成事故扩大。

二、事故分析

随着电力系统的发展，短路容量不断扩大，现代化的电网对变电站的接地网要求越来越高。接地网不良是发生保护误动、拒动、烧坏二次设备事故的重要原因。

三、事故教训及对策

（1）接地网事故，除接地网腐蚀失效原因外，大量问题在接地引下线上，据统计接地事故引起的事故约占电网事故的 20%。在生产管理和技术监督中，应重视接地引下线的维护，若有细微腐蚀必须及时除锈刷漆。

（2）进行截面热稳定校验，防止截面过细。在大电流接地短路系统中，流入电网的短路电流约几千安，它将在地网导体中产生很大的热量，产生的热量不能散入周围介质中，使全部热量造成接地线和导体温度升高。

（3）变电站主设备、保护主设备的避雷装置和互感器设备，均应采用两根接地引下线。

（4）接地引下线的焊接必须牢固，无虚焊，采用搭接焊。其搭接的长度扁钢为其宽度的两倍，至少有3个棱边焊接；圆钢为其直径的6倍；圆钢与扁钢焊接时，其长度为圆钢直径的6倍。

（5）接地体埋深不应小于0.6m，并且接地引下线通过地表部分0.6m的部分应做防腐处理。

（6）接地引下线与直流二次接线盒或控制电缆，必须保持大于5cm的空气距离，以防止交流窜入直流回路。

（7）每个电气装置的接地应以单独的接地线点与主网相连。

（8）所有的避雷器应用最短的接地线接至集中接地体，并与主地网相连接。

第五节　雷电破坏电网设备损坏事故

雷击的形态：①直接雷击，即电力系统设备直接被雷电击中，此时，很高的雷电压将使电气设备的绝缘击穿；②感应雷击，在变电站上空的雷云在地面上感应的大量束缚电荷，因建筑物或设备接地不好，则聚集在建筑物上面的电荷不能流散，就会与大地形成电位差，造成感应雷电过电压；③雷电侵入波，当输电线路遭到直接雷击时，会沿输电线路向变电站流动，造成变电站电气设备绝缘击穿。雷击造成10kV线路设备损坏如图11-55、图11-56所示。

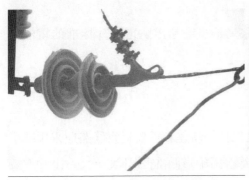

图 11-55　雷击造成 10kV 线路绝缘子损坏　　图 11-56　雷击造成 10kV 线路导线损坏

案例 1　变电站线路侧，未装避雷器引起的雷电事故

一、事故原因

（1）1998 年 7 月 30 日，雷雨大风天气，35kV 黄联线遭雷击，因黄联 1 断路器拒动，导致 110kV 丹二 1 断路器跳闸。事故后发现黄联 1 跳闸线圈烧坏，导致 1 号、2 号主变压器 35kV 速断保护动作，351、350 断路器跳闸，因 352 断路器跳不开（跳闸线圈烧坏），导致越级丹二 1 断路器跳闸。事故后在对黄联 2 侧的变电站检查时，发现黄联 2 进线套管室内侧 A 相对墙面放电，B、C 相有多处放电痕迹，事故前黄联 2 在备用位置，线路侧没装避雷器。

（2）2001 年 6 月 18 日，雷雨天气，某县热电厂 35kV 一线路遭雷击过压，造成该线路室内 35kV 穿墙套管处短路，强烈的电弧烧坏敷设在墙壁上的直流电缆，使高压电窜入控制室直流信号回路，造成控制总保险熔断，变电站所有保护拒动，9.5s 后由上一级 220kV 变电站保护动作切除故障。由于短路电流作用时间长，造成县热电厂 20000KVA 主变压器烧坏事故。

二、事故分析

（1）输电线路遭雷击时，高电压沿输电线路向变电站流动，造成电气设备绝缘击穿。

（2）线路避雷接地线安装不合格，未能检查维护、试验；变电站内进线线路侧未安装避雷器。

（3）防雷设施出现薄弱点，线路局部出现超出防雷设计标准的雷电过电压。

三、事故教训及对策

（1）加强多雷区线路杆塔的防雷保护。新建和重要运行线路应采用减小地线保护角、改善接地装置、增加绝缘等措施降低雷害风险。

（2）在变电站进出线间隔入口处，加装金属氧化锌避雷器。

（3）加强避雷线运行维护工作，定期对部分线夹进行检查，以保证避雷线与杆塔接地点可靠连接。

（4）每年雷雨季节前开展接地电阻测试，对存在的缺陷进行降阻改造。

（5）定期对接地装置开挖检查。

案例2　雷击使架空地线断线落地，变电站发生雷电事故

一、事故原因

2001年7月23日，雷雨大风天气，某220kV变电站110kV新原1保护动作，断路器跳闸。同时另一处的220kV某110kV变电站洪庄1保护动作，断路器跳闸。110kV刘庄变电站母差保护动作，跳110kV及东母所有元件；造成110kV刘庄变电站、110kV原阳变电站全站失压。这是一起典型的雷电破坏事故。经检查发现故障点为110kV新原线70号杆大号侧0.8m处右边相架空地线断线落地，雷击造成70号杆C相绝缘子串一片瓷绝缘子炸裂。同时，雷电波将110kV变电站新庄2断路器C相断口击穿（C相爆炸），经1045ms后引起新原1、洪庄1断路器跳闸，2座110kV变电站全站失压。

二、事故分析

防雷设施出现薄弱环节，出现超出防雷设计标准的雷电过电压。

三、事故教训及对策

（1）对事故瓷绝缘子勘察及雷电定位系统数据分析，认定此次事故系雷击引起。该塔系上字型铁塔，防雷设计符合国家标准，故障点70号杆塔接地电阻值：0.7Ω。全线架设避雷线、设避雷线的保护角、杆塔选型均合格。

（2）对全线避雷装置及绝缘子进行全面检查，避雷线与杆塔接地点可靠连接，并进行每杆塔的接地电阻测试。

案例 3　避雷器内部受潮，晴天突发爆炸事故

一、事故原因

2004 年 4 月 22 日 11：30，某 110kV 变电站北母 A 相避雷器突然发生爆炸，型号为 Y0W-100/260，该避雷器 1996 年 11 月出厂，1997 年投运。爆炸后 A 相避雷器上节外套炸裂，在线监测计数器玻璃罩炸裂，计数器接地引下线烧断，底座法兰紧固螺栓处有放电痕迹，其余 B、C 两相外观完好。因避雷器处于系统母线的中心部位，避雷器损坏爆炸，引起母线停电事故。

二、事故分析

避雷器发生故障后，高压试验班对 B、C 两相进行了试验，结果均合格。对破碎的 A 相避雷器进行了解体，阀片基本完好，没有通过大电流痕迹，这与当时的天气情况吻合（无雷雨）。但是阀片沿面有明显贯穿性放电痕迹，固定阀片的环氧树脂棒有灼烧痕迹。当天天气晴朗，有 6 级大风，但是，日最高气温由 4 月 21 日的 36℃骤降至 20℃，气温变化较大。110kV 北母避雷器为瓷外套氧化锌避雷器，分为上下两节。随后，又将 B、C 两相 4 节避雷器分别进行了解体，发现 4 节避雷器固定阀片的固定螺栓均有不同程度的锈蚀现象，其中，A、B 两相的上节均比下节锈蚀严重。A 相避雷器密封圈表面均有不同程度的变形、压接偏心。C 相下节密封胶圈的外观平整、压接面均匀、压接良好，C 相下节锈蚀最轻。

查看历年试验数据：①避雷器历年带电测量数据三相之比较，全电流、阻性电流，A 相都是最大，C 相最小；②避雷器历年预防性试验数据。自 1998 年以后 A 相上节最大，C 相下节最小。避雷器发生爆炸时，系统无雷电过电压等，因此，避雷器爆炸应该是本身运行原因所致。

（1）厂家生产工艺水平差，避雷器密封胶圈变形，造成避雷器密封不良。

（2）在避雷器投运初期，由于避雷器内部充有氮气而处于微正压状态，密封不良的问题没有显现出来。随着避雷器投运年限的增加，由于密封不良，氮气会慢慢泄漏，最终避雷器会达到内外气压平衡。随着气温的变化，避雷器内部与外

界开始进行气体交换，潮气随之进入避雷器内部。日积月累，避雷器内部集聚了水分，金属部件（如压紧螺栓）会慢慢生锈（形成导电物质）。当室外温度较高时，避雷器内部的水分蒸发变成气体，如突然遇到气温骤降，水蒸气遇冷会凝结成小水珠附着在阀片表面上，引起避雷器阀片绝缘下降，进而闪络导致避雷器爆炸。

三、事故教训及对策

（1）加强对试验数据的综合分析。无论是带电测量，还是停电试验。试验结果不但要与标准值相比较，还要不同相之间、同相不同节之间相比较。同时也应该与历年试验数据进行横向、纵向的比较，掌握设备在运行过程中的变化趋势。

（2）关注在线监测型计数器的巡视，发现数据增大及时采取防范措施。

（3）对避雷器开展红外测温诊断，及时发现异常运行。

（4）落实《国家电网公司十八项电网重大反事故措施（2018年修订版）》14.6.3 "运行阶段：①对金属氧化物避雷器，必须坚持在运行中按照规程要求进行带电试验。35～500kV 电压等级金属氧化物避雷器可用带电测试替代定期停电试验。②对运行 15 年及以上的避雷器应重点跟踪泄漏电流的变化，停运后应重点检查压力释放板是否有锈蚀或破损"。

第六节　组合电器（GIS）事故

案例 1　GIS 安装缺陷、制造质量差造成短路事故

一、事故原因

（1）2001 年 7 月 14 日，110kV 某变电站 GIS 设备单相接地，110kV 汤高 1 跳闸。经打开母联隔离开关 2 号气室（110 北 A 相）检查，发现 110 北 A 相动触头屏蔽罩脱落，严重烧损，（一端烧损约 130mm，一端烧损约 40mm）动触头严重烧损。静触头屏蔽罩有烧伤痕迹，该气室内壁有明显放电痕迹，外壳表面有 3 处约 0.9cm 的放电黑斑。经分析认定事故原

因为设备制造不良。设备出厂时触座与屏蔽罩装配不当，合闸时屏蔽罩倾斜，对外壳放电，分闸时屏蔽罩脱落，造成单相接地并发展为相间短路。

（2）1999年6月14日9:04，某电厂220kV升压站付母在运行中GIS设备C相发生接地，继而扩大形成A、B、C三相短路，故障电流约20kA，故障持续时间为80ms，付母线母差保护动作。导致3号机组跳闸，二期厂用电全部中断。

二、事故分析

220kV升压站付母在运行中GIS设备C相接地事故后，将故障部件及整体金属伸缩节拆下，发现C相端导体插入深度仅为26mm（标准值38mm±5mm）。导致导体和梅花触头接触不良（梅花爪子未完全张开握紧导体），触头过热融化使金属掉落在母线绝缘子上，引起闪络对地击穿，由于是共相母线，很快扩大为三相短路。为检修安全起见，升压站全部停电。修复轻微烧损的金属伸缩节。更换所有损坏的母线绝缘子和导体。

三、事故教训及对策

从故障处理过程看，制造厂未计算好运行中母线壳体最大膨胀量，造成金属膨胀节的伸缩超出导体伸缩的标准范围，是造成事故的根本原因。建议具有这种母线的电厂，应测试不同温度下伸缩节的长度，并根据安装记录推算出导体插入深度，以免发生同样的重大事故。将母线金属伸缩节调整为只收缩不膨胀也是一种可行的办法。

案例2 红外测温发现GIS设备内部发热故障

一、未遂事故原因

2016年某220kV变电站工程师采用红外热像对GIS设备进行技术监督，发现主变压器间隔GIS内部的断路器触头部位发热严重。根据温度异常数据，及时申报缺陷预警，停电后进行设备检修，避免了重大设备事故，如图 11-57～图 11-60 所示。

↗ 图 11-57　GIS 断路器触头
发热红外热像

↗ 图 11-58　GIS 断路器
触头烧损

↗ 图 11-59　GIS 断路器触头部位
结构

↗ 图 11-60　GIS 断路器触头局
部结构

二、未遂事故分析

GIS 设备出厂时制造不良，合闸时动触头与静触头座之间的导体插入深度不到位，造成接触面积减少，接触电阻增大，引起发热。随着运行负载的增加，触头部位逐渐烧损。

三、未遂事故教训及对策

（1）GIS 设备制造厂家应加强设备的质量检验和监督性试验，及时发现不合格的产品。并举一反三，对该类产品内部触头发热故障原因，进行技术层面的深度研究。

（2）《国家电网公司十八项电网重大反事故措施（2018 年修订版）》12.2.2.4 "GIS 安装过程中应对导体插接情况进行检查，按插接深度标线插接到位，且回路电阻测试合格。"

（3）加强对新设备投运前的质量验收，尤其要对内部可能存在的隐蔽缺陷认真检查。

（4）运行中加强防止触头发热的技术监督，特别是红外诊断技术方法监督。倒闸操作前后，发现 GIS 三相电流不平衡时，应及时查找原因并处理。

第七节　输电线路外力破坏事故

案例 1　外力盗窃造成 110kV 杆塔倾倒事故

一、事故原因

2004 年 4 月 6 日，某市电业局某 110kV 线路跳闸。变电站值班人员立即对站内设备进行检查，当检查到室外设备时，发现 110kV 该线路耦合电容器上方引线下垂，变电站门卫发现站外有导线下落。值班员马上到站外对该线路（同塔双回）进行检查，发现导线已经落地，高速公路西侧线路铁塔倒塔，值班员立即把发现的情况汇报了调度及有关领导。

电业局保卫处人员到事发现场，经检查该 110kV 线路 3、4、5 号铁塔已拦腰折断，导线落在京深高速公路上，一根导线已被汽车挂断，一根导线损伤，并造成京深高速公路交通中断（2 号塔在高速公路东侧，3 号塔在高速公路西侧）。现场人员立即通知了公安、保险、新闻等单位，并对事发现场进行了勘察，发现该线路 3～5 号塔多根塔材被盗。3 号塔下留有 12 根被盗塔材、一只鞋和一把扳手；6 号塔也有 18 根塔材被盗，相邻的 110kV 线路 3 号塔也有 20 多根塔材被盗。根据现场情况分析，3 号铁塔是在被盗过程中倒塔的，同时引起 4～5 号铁塔倒塔，其中 4 号塔被盗 33 根塔材，5 号塔被盗 23 根塔材。电业局迅速组织全力进行事故抢修，经过抢修恢复高速公路通车，恢复线路运行。

二、事故分析

（1）违法犯罪分子破坏电力设施活动猖獗，以前盗窃分子仅盗窃铁塔的下半部分，为了防盗在铁塔的 9m 段以下均采用了防盗螺栓，这次盗窃发展到 9m 段以上高处。该线路 2001 年 7 月投入运行，2004 年 3 月 8 日巡线人员未发现异常。

（2）事故暴露出在保护电力设施宣传方面存在薄弱环节，未能深入现场检查布防，全面采取防范手段。

三、事故教训及对策

针对外来破坏事故所暴露出的问题，供电局召开线路专业安全分析会，制定防范措施。

（1）由运行部在 4 月 15 日前将重要跨越（跨高速公路、铁路），以及重点地段和经常发生被盗塔材的地段清单提供给输配电工程公司。由输配电工程公在 4 月底前将这些地方的铁塔螺帽部分，全部采取打毛处理。

（2）为保证在发生倒杆、塔事故情况下及时恢复线路的运行，输配电工程公司将现有的事故抢修塔进行全面检查，保证其处于良好状态，不缺少零部件，随时可以投入运行。

（3）在以后新建线路时，铁塔塔身全部采用防盗螺栓。防盗螺栓安装后采用普通扳手工具不能拆卸掉，而在高空采用专用拆卸工具拆卸，大大增加了拆卸防盗螺栓的难度，从而避免了铁塔部件被盗概率。新建线路铁塔及防盗螺栓、地脚螺栓保护帽照片，如图 11-61 ~ 图 11-68 所示。

图 11-61　铁塔组立
结构外视全景

图 11-62　铁塔组立结构内视全景

图 11-63　铁塔组立局部连接
　　　　　结构

图 11-64　铁塔组立安装防盗螺
　　　　　栓局部

图 11-65　铁塔组立拆卸防盗
　　　　　螺栓

图 11-66　拆卸下来的防盗螺栓
　　　　　局部

图 11-67　线路铁塔塔腿地脚螺栓

图 11-68　线路铁塔地脚
　　　　　螺栓保护帽

案例 2　外力盗窃导致 220kV 线路倒塔事故

一、事故原因

　　2004 年 5 月 3 日 14：58，某市电业局 220kV 鹤岳线跳闸，重合闸不成功。经电业局组织人员事故查线，发现东西走向经过的 14 号"V"形铁塔东南、东北、西北方向三根拉线棒被锯断，致使失去拉力的该基塔倾倒后接地短路，造成鹤岳线保护动作断路器跳闸。因 220kV 线路环网供电未少送电。经过抢修，5 月 5 日 19：39 鹤岳线具备投运条件。

二、事故分析

（1）事故发生后，市电业局与市公安局立即组成专案组，展开侦破，经过公安机关 20h 排查，4 名未成年盗窃犯罪嫌疑人和一名销赃人被抓获。

（2）事故暴露出不法分子破坏电力设施活动猖獗，同时也暴露出保护电力设施的宣传力度不够。

三、事故教训及对策

（1）配合公安机关开展打击破坏电力设施的专项行动。

（2）深入到线路沿线各村庄，开展群防群治工作。

（3）电业局在一周内对所辖 110kV 及以上线路进行了巡查，重点检查了塔材、拉线、防盗螺栓等易发生丢失的部件。

（4）省电力公司与省公安厅共同组建打击涉电犯罪工作机构，并完善有关工作制度。

案例 3　外力破坏导致 110kV 线路跳闸事故

一、事故原因

2005 年 4 月 22 日 14：02，某 110kV 线路零序 I 段保护动作跳闸，重合闸动作不成功，110kV 某变电站西母失压。经组织人员巡视发现某钢铁公司在 I 茶铜线 17～18 号杆间进行挖掘作业时，挖掘机对 C 相导线放电，造成线路跳闸（带负荷 6 MW）。17：15 跳闸的线路恢复运行，变电站恢复正常运行方式。

二、事故分析

由于某钢铁公司近年来不断扩大厂区规模，110kV某线路15～20号杆塔已被钢铁公司围入厂区内。近期公司要进大型设备，由于17～18号杆导线对地距离不够，公司组织对道路进行深挖，在挖掘过程中挖掘机对导线放电引起线路跳闸。

三、事故教训及对策

（1）电业局对《电力设施保护条例》的宣传力度不够，在线路杆塔被围入厂区后，未能及时进行违反《电力设施保护条例》的教育和纠错工作。

（2）事故后在钢铁公司厂区内张贴《电力设施保护条例》相关条款的宣传公告。

（3）对钢铁公司的事故主要责任人进行批评教育，并对钢铁公司进行相应的经济处罚。电业局对辖区运行线路进行隐患排查，做好杆塔基础（字体）和上部带电部位的警示标识（红灯），宣传《电力设施保护条例》的相关内容，如图11-69所示。

（a）基础部位标识

（b）上部红灯警示

图11-69　电力线路安全防护措施警示标识

电网建设工程事故案例

电网建设工程是输变电设备运行的基础性工程，它的设计、施工、验收、试运的质量决定输变电设备运行的可靠性。工程的安全质量管理是否科学有序、刚性到位，决定施工队伍及参建人员的业绩和职业健康安全。

输变电建设工程的施工环境复杂，特别是基础施工时面临各类不利的地理环境、物理条件。在工程施工初期阶段，基坑开挖、基础排水、监理验模、混凝土浇筑、跨越架搭设与拆除、脚手架搭设与拆除的施工存在各类安全隐患，需要规范施工组织和施工人员的作业行为。参建单位和参建者应尽职履责，满足电网建设安全生产的要求。各类施工环境场景照片如图 12-1~图 12-8 所示。线路深基坑的基础施工面临天气、地下水位干扰，水坑中模板支敷及混凝土浇筑的作业条件复杂多变。部分输电线路基础开挖在临近带电体范围作业，变电站生产房脚手架搭设与拆除，线路跨越高速公路施工的跨越

↗ 图 12-1　线路基础开挖

↗ 图 12-2　线路基础混凝
土浇筑

↗ 图 12-3　基坑基础进水外加垫层
施工

↗ 图 12-4　线路基础监理工程师验模

图 12-5　变电站生产房脚手架搭设

图 12-6　变电站生产房脚手架局部

图 12-7　高速公路跨越架搭设

图 12-8　跨越 10kV 线路跨越架搭设

架搭设，存在意外伤害的风险（三级以上风险）。所以，输变电工程作业点的施工方案必须经过总监理工程师审核签字，建设部项目经理审阅回执，施工单位严格按照施工方案的安全措施执行。

第一节　输变电施工触电事故

案例 1　架线施工牵引光缆与铁路接触网放电事故

一、事故原因

2007 年 5 月 22 日，某输变电工程公司在 220kV 木牵线跨越京广铁路架线施工时，牵引光缆的牵引（钢）绳与铁路电力牵引线距离太近，发生电弧放电。致使铁路电力牵引线被电弧烧断，铁路下行线中断。

二、事故分析

（1）施工组织不良。跨越铁路架线（四级风险）作业，施工单位经理和总监理工程师未进行现场旁站，监督施工人员按照施工方案作业。

（2）跨越架搭设不合格，跨越架的宽度、高度、外伸羊角、绝缘网宽度等不符合施工方案的要求。

（3）未采用绝缘绳进行导线、地线的牵引，而是采用钢丝绳牵引，造成与铁路线路放电，引线烧断（还可能造成人员触电）。

三、事故教训及对策

（1）违反《安规（电网建设部分）》10.1.1.1"跨越架的搭设应有搭设方案或施工作业指导书，并经审批后办理相关手续。跨越架搭设前应进行安全技术交底"和10.1.1.3"跨越架架体的强度，应能在发生断线和跑线时承受冲击荷载"。

（2）跨越铁路架线作业（四级风险），施工单位领导和监理单位应在现场进行全过程安全监督，及时发现施工隐患，纠正施工人员的错误行为。

（3）施工人员应听从作业班长的统一指挥，严格按照施工作业指导书的规定进行操作。

案例 2   吊车吊绳触及管母绝缘子停电事故

一、事故原因

（1）2005年12月1日，某送变电工程公司在某330kV变电站三期扩建施工中，吊车没有设置专人指挥，吊臂与330kV Ⅰ母线距离过近，引起C相母线对施工吊车放电。330kV母差保护动作，各分路、主进断路器跳闸，Ⅰ母线停运。

（2）2005年1月13日，晴天有雾。变电站220kV Ⅱ段母线停电，进行技术改造扩建工程。工作班成员共9人，履行工作许可手续后进行2632号隔离开关的拆除工作。起重机驾驶员操作12t起重机（持有特种设备作业证），当吊装拆除 2632 号 A 相隔离开关时，起重机整体向左侧倾斜，起重机起吊绳触及Ⅱ段母线 A 相，使 2632 号隔离开关间隔管型母线支柱瓷绝缘子断裂，A 相导线落在 220kV 西母 C 相引线上造成接地短路，220kV 母差保护动作跳开Ⅰ段母线断路器。事故造成 220kV 变电站失压及 4 个 110kV 变电站失压。220kV 母线的 16 个支柱瓷绝缘子断裂和管母线变形，直接经济损失 37 万元。

二、事故分析

（1）起重机司机作业不遵守规程，操作失误。在吊装拆除 2632 号隔离开关时，左前腿用四根枕木支撑在 5cm 厚的电缆沟盖板上，当起重机吊臂在最大伸展度时，起重机左前腿压断枕木和电缆盖板，支撑腿下沉，致使起重机整体向左侧工作面倾斜。

（2）工作负责人和安全员对枕木搭设的位置错误，未进行纠正，未对司机进行危险点告知和交代安全注意事项。

三、事故教训及对策

（1）违反《安规（变电部分）》17.2.3.3"作业时，起重机应置于平坦、坚实的地面上，机身倾斜度不准超过制造厂的规定。不准在暗沟、地下管线等上面作业；不能避免时，应采取防范措施，不准超过暗沟、地下管线允许的承载力。"

（2）起重设备在带电导体下方或距带电体较近时，未制定专门的安全技术措施。（例如：1988 年工程队在变电站 10kV 保安电源施工时，对汽车吊四条腿进行调整过程中，吊臂突然翘起，碰到运行的 10kV 带电导线，司机当即触电死亡）。

（3）事故调查处罚：省公司参照"重大电网事故"的处罚规定对事故责任人进行处理：①吊车驾驶员不按吊车使用说明书操作，"若地面可能下陷不平应用合适铁板或枕木填平，保证支脚盘下方的基础坚固"的要求，负事故主要责任，给予开除局籍，留用察看一年处分；②工作负责人未能对吊车是否支垫可靠进行检查确认，给予行政记过处分、待岗 6 个月。

案例3　立杆时晃绳碰触高压线

一、事故原因

1988年10月17日，某局劳动服务公司施工队在架设110kV输电线路工作中，起吊2号水泥杆时，当杆子起立到60°时，右侧晃绳与另一运行的110kV线路导线接近而放电，现场20余名作业人员触电倒地。绞盘失控倒转，杆子倾倒至原位，造成5人死亡，2人重伤，1人轻伤的特大群伤事故。

二、事故分析

（1）起重机司机不遵守操作规定，未控制起重机吊装部位的安全活动范围。

（2）工作负责人不认真学习《安规》，缺乏安全常识，不能安全地组织工作，未控制起重机吊臂对运行线路的安全距离。

三、事故教训及对策

（1）违反《安规（线路部分）》6.3.7"使用起重机立、撤杆时，钢丝绳套应挂在电杆的适当位置，以防电杆突然倾倒。吊重和起重机位置应选择适当，吊钩口应封好，并应有防止起重机下沉、倾斜的措施。起、落时应注意周围环境。"

（2）在带电的高压线路附近施工时，公司领导无严密的技术方案和安全监督措施，起重机司机蛮干造成不可控制的危险局面。

案例4　输变电工程施工人身触电事故

一、事故原因

（1）1994年1月29日，某电业局变电队在变电站基建工地施工时，工作班人员误碰带电设备，造成当事人右臂、左前胸和右手严重烧伤。后来右臂截肢，左手不完全截肢。

（2）2007年1月26日，为配合高速铁路的施工，高压检修班进行110kV高引线2~16号杆塔搬迁更换工作。工作班人员误走到平行带电的110kV线路35号杆下，未核对线路名称、杆牌号，监护人没有尽到监护职责，王某误登该带电的线路杆塔造成触电，起弧后全身着火，安全带被烧断，从23m高处坠落地面死亡。

二、事故分析

（1）作业指导书形式化，工作负责人对（多组工作）危险点不能有效控制。

（2）工作票签发人现场勘察有漏洞，现场有3条平行的110kV线路，易发生误登杆塔，未采取特殊监护措施和设置围栏。

（3）工作人员不遵守安全规定，违反劳动纪律，不听从指挥，误登带电线路。

三、事故教训及对策

（1）违反《安规（线路部分）》5.2.4"在变电站、发电厂出入口处或线路中间某一段有两条以上相互靠近的平行或交叉线路时，要求：①每级杆塔上都应有双重名称；②经核对停电检修的线路的双重名称无误，验明线路确已停电并挂好接地线后，工作负责人方可宣布开始工作；③在该段线路上工作，登杆塔时要核对停电检修的线路的双重名称无误，并设专人监护，以防误登有电线路杆塔。"

（2）工作负责人没有召开班前会，对工作班人员进行危险点告知与技术交底。

（3）杆塔的运行杆号标识混乱。且杆根附近低矮灌木造成杆号辨识障碍。

（4）公司各级领导管理粗放，安全监督不到位。事故调查处理：局长、总工程师等分别给予行政警告、行政记大过处分。工作负责人给予解除劳动合同的处分。班长给予撤销职务处分，下岗3个月。并处理相关人员32名。

案例 5 施工挖伤电缆，及时撤离人员避免触电事故

一、事故原因

2008 年 10 月 29 日，某供电公司施工队在某 110kV 变电站内敷设 10kV 出线电缆，突然发现施工开挖的新电缆沟处冒烟，随后有放电爆炸声。同时变电站控制室故障信号报警"35kV Ⅰ段接地"。运行人员通过拉路查找接地点，在断开 35kV 某出线开关后接地消失，立即通知检修部门进行抢修。事后调查，施工队在进行电缆沟开挖时误伤 35kV 出线 A 相电缆，由于保护灵敏，及时撤离施工人员，准确查找故障点，避免了人身触电事故。

二、事故分析

施工单位施工前未进行现场勘察，对站内隐蔽工程设施不清楚。变电站工作票许可人对现场设备技术交底不细致。

三、事故教训及对策

（1）违反《安规（电力线路部分）》12.2.1.2 "为防止损伤运行电缆或其他地下管线设施，在城市道路红线范围内不应使用大型机械来开挖沟槽，硬路面面层破碎可使用小型机械设备，但应加强监护，不准深入土层。若要使用大型机械时，应履行相应的报批手续。"

（2）上期施工未按规定将电缆敷设在专用电缆沟内，设备区地面并缺少电缆走径标示。

（3）变电站无电缆敷设图纸，值班员对电缆敷设走向不清楚。

案例 6　新间隔遗留未拉开接地开关，造成短路事故

一、事故原因

2003 年 3 月 19 日，某 220kV 开关站扩建改造过程中，因工作接地开关 256501 未拉开，在用 220kV 旁路 2520 断路器，操作冲试新间隔上阳 2565 时，造成三相短路，2520 断路器跳闸。

二、事故分析

（1）施工方经理对工程管理不善、施工收尾环节检查不到位。

（2）建设单位、监理单位对技术措施审核不严，验收把关不严，现场监督不到位。

三、事故教训及对策

新建设备全部工作结束后，应清扫整理现场。建设单位工程师、监理单位总监、施工方经理应再次核查现场各部位的接地线是否拆除（接地开关拉开），确认符合规定再进行验收项目（合格）签字。

第二节　线路施工高处坠落事故

案例 1　施工队伍资质不合格，高处坠落事故

一、事故原因

2006 年 1 月 25 日，某电力建设总公司第二处，电建所的杆塔试验基地拆除试验塔施工中，送电工（聘用的临时工）准备拆塔挂吊点时，在攀爬过程中失去安全带的保护，从铁塔上 42m 高处坠落至地面死亡。

二、事故分析

（1）送电工自我防范意识差，注意力不集中，冬季衣着厚重，未穿软底鞋，脚下意外打滑。

（2）监护人监护不到位，不严格进行安全管理，未及时发现送电工的异常现象。

三、事故教训及对策

电建所对外包单位的管理、外包单位的资质审查和签约把关不严。电力建设总公司只具有送变电二级施工资质，只能承接220kV及以下电压等级输电线路的施工，而电建所的试验铁塔是一基500kV输电线路的铁塔。施工队伍资质不够格，但却签订了承包合同，为事故埋下了隐患。

案例2　线路横担拉铁断裂，2人高处坠落事故

一、事故原因

2001年3月17日，某火电工程公司在110kV销群线158～159号塔进行放线施工时，在挂线过程中，发生横担拉铁断裂，挂在横担上的两名民工的安全带从断口处滑出，造成高处坠落1死、1伤事故。

二、事故分析

（1）工作前工作负责人未对施工部位的横担钢材是否有异常状态进行必要检查。

（2）工作班成员未对工作环境的设备状态进行必要巡查和互相提醒。

三、事故教训及对策

（1）施工前监理单位未把好施工建材的质量关口。应查看产品出厂质量检验合格证书，符合国家标准的检验资料，才能进入安装塔材程序。

（2）施工现场安装前工作负责人应检查铁件材质是否有锈蚀、裂纹、撞伤痕迹、镀锌层是否良好等。

（3）攀登过程工作人员应检查横担腐蚀情况、连接是否牢固，关注各部位受力点的变化，互相提醒，关心同事的动作安全。

案例 3 司机打开起重机护栏拍照，高处坠落事故

一、事故原因

2012 年 12 月 14 日，某发电公司水电站 2 号机转轮回吊工作结束后，桥式起重机司机擅自打开司机室观察窗及防护栏，用自购相机拍照，不慎从离地面 20m 高的桥机司机室底部观察窗坠落地面死亡。

二、事故分析

司机违反安全操作规定，违反劳动纪律，做与工作无关的事情。超越防护栏，不系安全带造成高处坠落事故。

三、事故教训及对策

（1）违反《安规（电力建设部分）》4.1.25 "高处作业人员不得坐在平台、孔洞边缘、不得骑坐在栏杆上，不得站在栏杆外作业或凭借栏杆起吊物件。"

（2）水电站领导缺乏对特殊工种职工的安全教育培训和纪律约束。

案例 4 悬挂杆号牌高处坠落重伤事故

一、事故原因

2005 年 7 月 12 日，某输电工区带电三班一名临时工（24 岁），在 35kV 盐达线进行悬挂杆号牌时，从 3m 高处坠落地面，造成颈椎（第六节）粉碎性骨折，构成人身重伤事故。

二、事故分析

（1）作业人员思想松懈麻痹，未正确使用安全带。

（2）工作负责人不重视小型工作，不进行目视监护，而是认为挂牌工作风险不大，现场工作放任自流。

三、事故教训及对策

（1）违反《安规（电网建设部分）》4.1.4"高处作业人员应衣着轻便，衣袖、裤脚应扎紧，穿软底防滑鞋，并正确佩戴个人防护用具。"

（2）监护人未及时纠正工作人员的不安全行为。

第三节　起重吊装作业事故

案例 1　风电施工起重机副臂下落，5 人死亡事故

一、事故原因

2019 年 11 月 12 日 16 时，气象观测：气温 2.1℃，最大风速 8.5m/s（5 级）。某风电有限公司（200MW）风电项目在建工地发生一起特大事故。11 日 9 时，将 XGC2100W 履带起重机由 S42 号机位向 S43 号机位转场（距离约 1km，设备在中途停留一夜）。12 日下午设备到达 S43 号机位，开始安装起重机。完成副臂的安装之后，司机会同工人开始在副臂下安装钢丝绳绳头组合及连接板。副臂此时与地面大约处于水平状态，距地面约 1m。此时，司机操作了主遥控器，造成主臂端头下降，低于水平线。此时主臂三节臂的定位销轴处于缩回状态，受重力作用两节臂从基本臂内滑出，造成总重量 34.8t 的副臂臂头下落，将正在副臂下端作业的 5 名工人压在下面造成死亡。事故调查组依据《企业职工伤亡事故经济损失统计标准》（GB 6721—1986）等规定统计，核定事故造成直接经济损失 850 万元。事故调

查组审查并公布了承建单位、施工单位（分包单位）、监理单位的法定代表人、注册资本、企业类别等基本情况。

二、事故分析

（1）司机错误操作，造成主臂端头下降，低于水平线，造成副臂臂头下落，造成人身死亡事故。

（2）公司副经理、安全员等，履行岗位职责不到位。履带起重机安装专项施工方案编制内容不全面，关键点布置的监督措施不明确。

三、事故教训及对策

（1）违反《安规（电网建设部分）》起重作业 4.5.2 "起重机械拆装时应编制专项施工方案。" 4.5.5 "起重作业应由专人指挥，分工明确。" 4.5.8 "起重作业前应进行安全技术交底，使全体人员熟悉起重搬运方案和安全措施。"

（2）事故行政处罚：风电有限公司副经理、安全员等，履行岗位职责不到位。依照国务院 2007《生产安全事故报告和调查处理条例》第 36 条等规定，处一年收入 100% 的罚款。依照《生产安全事故报告和调查处理条例》第 40 条规定，撤销其《安全生产和职业健康培训合格证书》。

案例 2　拆除门吊（60t），起重臂失衡人身事故

一、事故原因

2008 年 4 月 12 日，某水电工程局承建的某电厂主厂房工程，在主厂房 A 排外的垂直起吊塔机拆除过程中，当塔机降至还剩三节标准节时，发生塔机回转以上部分仰翻坠地事故。工程塔机为 QTZ1250 型轨道式塔机，拆除过程剩余地面标准节 3 节与基节 1 节，塔身高 12m。技术负责人（机长）违反作业指导书拆除顺序，提前拆除了塔机爬升架与下支座的连接螺栓。两名作业人员乘小车到起重臂端部，准备拆除大钩钢丝绳。拆除锁扣后，小车回

走约 10m 距离时，塔臂开始失去平衡，起重臂向上缓缓抬起，并逐步加速，到接近直立时迅速向后倾覆。整个塔臂从高空摔落到地面，造成小车上 2 名作业人员随塔臂坠落地面，抢救无效死亡。在塔机驾驶室作业的司机被甩出驾驶室坠落地面一沙堆上，致右手臂轻伤。平衡臂杆失衡，平衡臂下沉先着地。起重臂上翘，立面 180° 向后翻下。连接塔身标准节的螺栓一个被剪断，一个被拔起，两个压弯。塔机事故现场勘察示意图如图 12-9 所示。

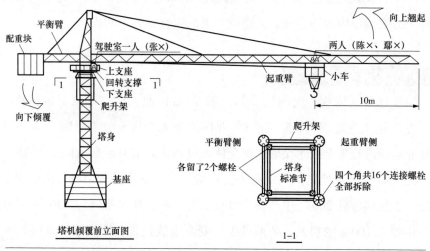

图 12-9　塔机事故现场勘察示意图（倾翻后塔机现场相对平面位置）

二、事故分析

（1）机长违章指挥，作业人员违反作业程序，未按施工方案拆卸程序作业（提前拆卸塔身多处的连接螺栓），造成塔臂失衡而倾覆。

（2）基建、监理、施工单位相关人员，安全管理前紧后松、麻痹大意，现场安全监督不到位。

三、事故教训及对策

（1）违反《安规（变电部分）》17.1.2 "起重设备的操作人员和指挥人员应经过专业技术培训，并经实际操作及有关安全规程考试合格、取得合格证后方可独立上岗作业，其合格证种类应与所操作（指挥）的起重机类型相符合。

起重设备作业人员在作业中，应当严格执行起重设备的操作规程和有关的安全规章制度。"机长有章不循、违章作业教训深刻。

（2）进行起重专业技术培训，使各岗位操作人员和指挥人员成为懂原理、懂结构、懂工艺流程的合格作业者。

（3）基建、监理、施工单位的领导应重视现场安全管理，加强起重作业的技术监督和安全监督。

案例3　起吊设备故障，部件失控人身伤亡事故

一、事故原因

（1）2005年1月17日，某发电有限公司2×600MW机组工地，某电建四公司开展烟囱提升系统拆除作业，因电动控制卷扬机齿轮轴材质存在多处缺陷发生断裂，飞出的碎片将卷扬机旁1名监护人员击伤，6人随鼓圈从22m高处坠落，造成6人死亡、1人重伤。

（2）2002年3月28日，某送变电公司在500kV二滩线路施工中，采用N62塔用机动绞磨进行瓷绝缘子串悬挂起吊过程中，机动绞磨失控上扬，撞击到1名工作人员头部，致其当场死亡。

（3）2004年12月9日，某农电局电气承装公司进行新建66kV送电线路施工，在组立39号杆（21m）时，当起重机起重臂升到61°、起重臂伸长到19m时，吊车的钢丝绳突然绷断。一工作成员惊吓得慌不择路，向倒杆方向跑去，被倒下的水泥杆压在下面，当场死亡。

二、事故分析

（1）起重机司机操作方法不当，不熟悉吊装方案和安全技术措施。

（2）工作前工作负责人未认真检查起重设备各工作部位的状态良好，未对司机及班组人员进行安全技术交底。

（3）高处坠物事故原因：①工具材料构件等坠落，击中在下层的施工人员；

②在起吊安装构件时，吊点位置不对或捆绑不牢，而发生高处坠物；③起重作业时起吊工具、钢丝绳、"U"形环等发生断裂。

三、事故教训及对策

（1）施工前编制吊装方案和安全技术措施，经技术负责人和安全员审核签字，项目经理批准执行。包括审核起重车辆、起吊设备的资质报审，驾驶员考核资格证书等。全体人员必须熟知吊装方案。

（2）现场检查起重设备的各项目：操作系统、吊钩及防脱装置、吊索、滑轮、钢丝绳、吊带、U形环等处于完好状态，液压油路接头是否漏油，起重机及受力工具有检验合格证，接地线接地良好。

（3）作业前指定作业人（精神状态良好）进行技术交底，需认真阅读起重设备的使用说明书。施工中按照吊装安全操作规程进行操作，起重机司机与信号指挥员密切配合。

（4）试吊重物检查起重机的稳定性、制动器的可靠性、重物的平衡性、绑扎的牢固性，确认无误后，方可继续提升。起吊时速度应匀速平稳，以免重物在空中摆动。禁止将重物悬挂在空中，吊重物时禁止起落起重臂。

案例4　驾驶员无证，操作失误造成自身重伤

一、事故原因

某变电站施工吊装工作结束后，运输公司起重机驾驶员无起重机操作证，（25t起重机）在收杆收绳时操作失误。误将收主钩绳操作成收副钩绳，由于副钩绳速度快，失去闭锁，操作时将副钩抛出，从操作室顶端坠落到驾驶员腹部，造成重伤。

二、事故分析

（1）工作票签发人及工作负责人对无起重机驾驶证人员和车辆没有进行

审核检查，埋下事故隐患。

（2）驾驶员违章作业，不懂操作原理，技术不熟练，无证驾驶负全部事故责任。

三、事故教训

（1）违反《安规（变电部分）》17.1.2 "起重设备的操作人员和指挥人员应经专业技术培训，并经实际操作及考试合格、取得合格证后方可独立上岗作业，其合格证种类应与所操作（指挥）的起重机类型相符合。起重设备作业人员在作业中，应严格执行起重设备的操作规程和有关的安全规章制度。"

（2）进场作业前工作负责人应审核起重机的资质报审，驾驶员考核资格证书，起重机的各部件完好状态。对司机进行现场安全考问，发现异常问题应终止司机继续作业。

案例5 人工卸电杆方法不当，造成人员死亡

一、事故原因

（1）1983年1月30日，某电力局器材股负责人，在新建线路工地从汽车上卸电杆。汽车上有电杆12根共码3层，负责人等上车先解开固定电杆的绑绳，另有人搬石头到车上卡住底层电杆。负责人即从车下拿起撬杠上车撬电杆，电杆当即滑码下滚。负责人十分慌张在车上跳过四根线杆，第五根电杆将他从车上打下，第六根电杆打在吴某的头部并压在身上。吴某于送医院途中死亡。

（2）2006年4月28日，某供电所进行东江村低压电网改造，从拖拉机上卸8m水泥杆，为防止水泥杆折断，采用先卸电杆大头后卸小头方法。所长站在拖拉机右侧用左肩扛水泥杆小头，在水泥杆大头落地时，水泥杆小头突然翘起碰到所长头部，致使其摔倒，随后水泥杆又砸在其头部右侧和胸部，经抢救无效死亡。

二、事故分析

工作负责人违反"重大物件不准直接用肩扛运"的规定，缺乏整体工作协调。现场工作人员之间没有互相呼应，互相提醒。

三、事故教训及对策

（1）违反《安规（电力线路部分）》8.3.3"装卸电杆等笨重物件应采取措施防止散堆伤人。分散卸车时，每卸一根之前，应防止其余杆件滚动；每卸完一处，应将车上其余电杆绑扎牢固后，方可继续运送。"

（2）工作负责人组织失误，缺乏危险点告知和统一指挥监护。

案例 6 装卸设备方法不当，设备倾倒砸人事故

一、事故原因

（1）1994 年 11 月 15 日 11 时，某供电局职工在某 220kV 变电站检修避雷器时被起重机吊物撞死。起重机司机违反规程，在吊钩未起到规定高度时就横向移动，撞击避雷器瓷套使之突然断裂，魏某随避雷器一起坠落，头部碰在避雷器均压环上而昏迷，后抢救无效死亡。

（2）2001 年 7 月 4 日，某供电局变电检修一班，在变电站做 TA 更换的准备工作，运输小型车辆拐弯时失稳使 TA 倾倒，1 名工作人员躲避不及砸碰致死。

（3）2002 年 9 月 19 日，220kV 某变电站在拆除（220kV）TA 外包装工作中，TA 突然倾倒，1 名工作人员躲闪不及，被压在下面，抢救无效死亡。

（4）2007 年 5 月 20 日，某电力建设公司施工人员在 500kV 某变电站进行（35kV）TA 卸车过程中，由于吊装方法不当，TA 发生倾倒，造成 1 名卸车人员死亡。

二、事故分析

（1）变电站值班员对进站车辆缺乏安全管理，对司机缺乏安全教育和检查，发生各类违章作业，造成人身死亡事故。

（2）施工单位现场作业安全措施不完善，未控制关键人员存在的危险因素。

三、事故教训及对策

（1）电力建设公司对分包工程管理失误，对分包作业未有效监督。

（2）分包单位现场作业安全措施不完善、作业人员严重违章。

（3）安全监察部应督促施工现场的各级安全监督，重视危险点分析和特殊环节的预控工作。

第四节　线路施工倒杆事故

案例1　擅自登杆解拉线，倒杆后工作人员死亡

一、事故原因

2011年10月15日，某供电所进行10kV线路白支9号杆检修工作。1农电工无人监护擅自登杆。没有安装临时拉线，就解开9号杆南侧拉线，随后放下9号杆北侧三相导线，将南侧三相导线松开，导致9号杆向东北侧方向倾倒。他被电杆压在下方，经抢救无效后死亡。

二、事故分析

（1）工作负责人对人员选派不合理，未做到危险点告知和人员工作中监护，在无临时拉线等安全措施的情况下开始工作。

（2）没临时拉线农电工擅自登杆，解线处置方法错误，导致拉线松开后倒杆事故。

三、事故教训及对策

（1）工作班人员违反《安规（线路部分）》6.3.15"杆塔上有人时，不准调整或拆除拉线"。

（2）工作负责人违反《安规（线路部分）》6.4.1"放线、紧线与撤线工作均应有专人指挥、统一信号，并做到通信畅通、加强监护。工作前应检查放线、紧线与撤线工具及设备是否良好。"工作负责人未能认真履行监护职责、正确安全地组织工作。平时对工作班人员要求不严、安全技术教育不足，对工作岗位人员选派不合理。

案例 2 麻棕绳作为临时拉线拉住电杆，造成倒杆

一、事故原因

2004 年 8 月 27 日，某营业所对 10kV 陶树线 1~34 号杆进行更换瓷绝缘子工作。因洪水冲刷河床变宽，1 号杆基已浸泡水中，需要将 1 号杆向岸边方向搬迁 5m。郭某带领 11 名施工人员来到现场。工作负责人认为沙地无法打拉线地桩，便决定采取用麻棕绳作为临时拉线拉住 1 号电杆，以防倒杆。当拆完下层导线，拆除了上层 A、B 相导线，并松开 C 相导线瓷绝缘子绑线后，导线在向上的作用力下脱离电杆。电杆水平方向受力失去平衡，三组临时拉线人员无法稳住电杆，杆上 2 人随杆倒下。1 人被电杆着地后反弹碰撞，造成右后背受伤，经抢救无效死亡。

二、事故分析

（1）没有制订施工方案，杆基被水浸泡处于松软状态，工作负责人没有采取应变措施，采用临时拉线的错误方法。

（2）上杆前工作人员未观察存在的危险点，根据电杆不稳定实际情况终止作业。

三、事故教训及对策

违反《安规（线路部分）》6.4.5 "紧线、撤线前，应检查拉线、桩锚及杆塔。必要时应加固桩锚或加设临时拉绳。拆除杆上导线前，应先检查杆根，做好防止倒杆措施，在挖坑前应先绑好拉绳。"

案例 3 违章移位导线，倒塔 8 人死亡事故

一、事故原因

2011 年 12 月 13 日，500kV 官西线进行 N3～N4 塔位的平移导线施工。N3 塔处于水电站升压站出线侧山脊上，其后侧为 35° 斜坡，前侧为深沟，N2～N3 塔档距 176m，N3～N4 塔档距 1010m。鉴于 N3～N4 档内要跨越某水电站两条 35kV 电源线路（官坝Ⅰ、Ⅱ线），且该两条线路不能同时停电。施工单位编制了《500kV 输电线路工程——N3～N4 档内跨越 35kV 电力线特殊施工方案》，在广安公司班长的带领下到 N3 铁塔进行作业。共有 11 名施工人员在塔上作业。上横担施工人员 6 人，其工作内容为将导线从右至左平移；左下横担 2 人，工作内容为调整左下相前侧导线弛度；3 人在塔身附近配合作业。10 时，右上横担前侧已移动 3 根子导线到左上横担前侧处锚线。正将第四根子导线从右侧移到左侧时，铁塔失稳倒塌，造成 8 人死亡，3 人受伤。

二、事故分析

（1）分包单位施工人员未按《特殊施工方案》的工艺执行，违规将大号侧三根导线移至左侧横担。致使 N3 塔上横担左、右两侧形成较大的附加力偶矩，使 N3 铁塔严重超载，发生顺时针 180° 扭转并倒塌。

（2）工作人员安全意识淡薄。由于施工承包单位技术人员刘某生病请假，责令官西线 N3 铁塔施工班休工。劳务分包单位施工班长为赶工程进度，擅自组织人员开工，导致现场没有技术人员和监理人员监督指导。

（3）监理单位对现场安全监管不到位。对跨度大的线路作业点（档距1010m）监理工程师未进行风险管控，对施工现场未履行安全监督职责。

（4）基建项目管理单位对分包管理和特殊专项施工管理不到位。

三、事故教训及对策

（1）分包单位安全基础薄弱，员工安全意识淡薄。应强化工程施工分包安全管理，开展分包单位资信审查，坚决清退不合格的分包队伍和人员。杜绝挂靠施工的虚假人员信息现象，杜绝诚信度差的分包队伍进入。对分包单位动态考核，评价信息反馈省公司，认真执行淘汰机制。

（2）施工承包单位严格落实对分包队伍的安全管理职责，强化全员安全技术交底和上岗培训考核。对危险性大、专业性强的施工作业现场，施工班长、技术员、安全员严格按照施工方案组织施工。严禁劳务分包队伍独立开展工作。

（3）监理单位对现场安全监管不到位。应加强监理工程师人员配备，风险大的施工现场进行监理旁站。准确掌握关键工序、风险高发区域的作业情况，按照监理管理程序，及时下发通知单、停工令（并汇报建设单位），纠正错误，预防事故发生。

案例4　施工方擅自改变作业计划，组立杆塔施工事故

一、事故原因

2013年8月6日，某送变电工程公司承建的±800kV溪洛渡左岸——特高压直流输电线路工程（川2标段61.128km，新建铁塔123基）发生一起分包单位人身伤亡事故。分包单位某输变电工程公司负责施工（民营企业，独立法人，具有二级总承包施工资质和一级承装、修、试资质）。根据工作计划8月6日7:10分包施工项目部安排进行N0161号塔的塔材转运工作。因为施工劳务费用按铁塔吨数结算，施工队为了多赚钱，决定在

塔材运输期间组立抱杆，抢工作量吊装一些塔件。施工队没有通知送变电工程公司项目部、监理项目部管理人员，擅自改变作业计划，进行抱杆（共10节、长31m）组立。9：20组立到第8节，A腿临时拉线松弛，抱杆向C腿倾斜，导致抱杆上部连接处断裂。分包单位3名员工被抱杆砸中，造成2人当场死亡，另一人在送往医院途中死亡。

二、事故分析

（1）分包单位领导安全管理失误，对劳务临时工参加工程的实际工作状态和心理状态不了解，对施工器具和施工材料出入库管理控制程序错误，放任自流。导致分包施工队擅自更改施工计划，擅自进行塔材转运，用错误的方法进行抱杆组立，造成倾倒事故。

（2）监理单位未根据施工中存在的薄弱环节，控制施工流程节点。监理工程师和安全员工作能力差，现场检查巡视不到位，未能发现制止违章作业行为。

三、事故教训及对策

（1）分包队伍内部管理混乱。劳务临时工文化水平低、纪律性差、安全意识淡薄，不执行施工方案的技术措施，冒险违章作业。施工队长擅自组立杆塔，规避工作流程，躲避监管。

（2）分包管理制度执行不力，未落实分包人员"同进同出作业现场"的管控要求。分包人员进场审查、安全考试不严，施工人员素质不能满足要求，形成安全隐患。

（3）施工项目部现场管理责任未落实，忽视了塔材转运和组塔准备等辅助作业的安全风险。项目部管理人员没有全程进行有效监督和管控。

（4）监理单位应落实施工组织设计、专项施工方案的管理，掌控作业指导书安全措施的编、审、批、交底、执行五个环节。严禁施工单位和个人不履行程序更改施工计划。

案例 5　水田组立抱杆擅自更改计划，造成倒杆事故

一、事故原因

　　2015 年 5 月 3 日，某特高压直流输电线路工程施工项目部，分包施工队擅自更改施工计划，转运抱杆进入计划外的 2833 号塔进行抱杆组立，未按照施工方案执行先整体组立抱杆上段，然后利用组装好的下段塔材提升抱杆的施工方法。而错误地采取了整体组立抱杆下段，再利用抱杆顶部的小抱杆（角钢）接长主抱杆的施工方法，抱杆临时拉线也未使用已埋设完成的地锚。违反施工方案中，严禁在水田里设置钻桩的安全措施要求，违规设置钻桩。5 月 3 日上午，拉起在地面组装完成的 23.6m 抱杆后，继续组立剩下的 4 节抱杆。16 时在吊装第 3 节抱杆时，B 腿（上述水田中的实际钻桩点）钻桩被拔出，抱杆向 D 腿方向倾倒。在抱杆上作业的 3 名施工人员随之摔落，并被抱杆砸中，经抢救无效死亡。

二、事故分析

　　（1）分包施工队在水田里进行组塔作业，经理擅自更改施工计划，改变施工方案规定的正确施工方法，造成事故。

　　（2）总监理工程师未到位，监理工程师和安全员技术水平不高，工作能力与实际施工难度要求不匹配，未能及时制止违章作业。

三、事故教训及对策

　　（1）强化分包全过程管理，项目部要随时掌握施工队长、工地负责人等关键人员的信息，特别是在施工间断、转移等过程中，控制好各分包队伍的工作状态。

　　（2）落实施工方案，严格技术方案编审批和变更程序，监理单位严格监督施工技术方案的执行，发现问题通过下发"通知单与停工令"的方式，制止现场违章作业。

（3）施工方有不同建议和作业方法，要及时与建设单位、监理单位及时沟通，不得擅自行动。提高施工计划的刚性执行，规范使用施工作业票，落实施工现场"同进同出"管理要求。

案例6 某330kV线路大档距违章施工倒塔事故

一、事故原因

2007年3月25日，某送变电公司330kV硝兰Ⅰ回改线施工过程中，施工方案不当引起3基铁塔倒塔事故。根据新建变电站330kV线路的接入计划，需将330kV硝兰Ⅰ回线路从6号和11号塔打开"Π"接入变电站，同时将7~10号之间的铁塔和导地线拆除，形成新的330kV曹兰Ⅰ回线路和1号联络线。3月25日上午，施工单位在硝兰Ⅰ回10号塔（耐张塔）处对10~11号档内导地线进行落线施工，首先落下地线，然后落下10~11号档中线（B相）导线至地面，11号塔处地面监护人员观测11号铁塔无异常情况，开始落右边线（A相）导线。13：30，10号塔右边线绝缘子串摘开，落至离耐张塔挂线点约2m时，11号塔突然晃动随即瞬间从腰部向右侧倾倒，导线剧烈摆动，随之12号、13号铁塔也相继倾倒，倾倒方向为顺线路向大号侧右边弯曲，塔头落地。事故造成塔头及部分塔身上部报废，在三基塔位线夹处有不同程度的损坏，线路光缆在11号塔倒塔外层损伤，部分绝缘子损坏，基础完好。

二、事故分析

（1）11号塔位现场不具备设临时拉线的条件，实际拉线对地夹角过大（要求为20°~25°，现场实际为32°），在临锚绳受力时水平分力小而垂直分力大，造成11号塔承受的垂直荷载过大，施工中，在11号、12号、13号三基塔导线悬挂点处没有安装导线滑车和放松驰度，造成落线时不能放松11号塔大号侧的导线应力，使11号塔承受了较大的不平衡力。

（2）11号（ZM3—37m）塔与相邻的10号（JG1—21.5m）、12号（ZM3—

37m）塔档距分别为：248m、1050m，经计算 11 号塔的垂直档距为 649m。技术人员编制方案时，未对 11 号～12 号大档距（档距为 1050m）客观存在的重力及应力，11 号塔所处地形临锚困难的实际进行受力分析和计算，凭经验确定地锚位置，片面追求进度，而简化操作程序。

（3）在相邻的 12 号、13 号塔位未设临时拉线，当 11 号塔倾倒后，顺线路向大号侧的不平衡应力将 12 号、13 号塔也拉倒。

（4）在落线过程中，钢丝绳在机动绞磨磨筒上的滑动，造成导线在落线过程中产生冲击力，致使 11 号塔承受扭转力矩，造成 11 号铁塔不平衡应力加大。

三、事故教训及对策

（1）施工技术人员没有根据现场大档距的情况制定施工技术措施，对大档距（1050m）施工导线所形成的重力、应力、冲击力没有计算分析，仅凭经验冒险施工。

（2）施工方案审核和批准人员审核把关不严，审查流于形式，未能及时发现重大安全隐患。施工方经理未到岗，技术员、安全员施工现场关键环节缺乏指导，不能发现问题、纠正错误。

（3）总监理工程师责任心不强，审查施工方案把关不严。现场监理工程师工作经验不足，风险意识不强，未能先期预防控制事故趋势。

第五节　脚手架及基坑施工事故

案例 1　挖 12m 深基坑内废渣，施工人员吸有害烟雾遇难

一、事故原因

2019 年 7 月 3 日，某 ±800kV 特高压线路工程 N6262 塔位发生一起 2 名劳务分包人员死亡事故（线路全长 1587km）。某分包公司管

理人员到达 N6262 塔，（D 腿基坑未完成弃渣清理）发现 D 腿 12m 深基坑里有两名劳务人员昏迷，将坑内两名人员救援上地面，送医院抢救，7 月 4 日 8:00，两人抢救无效死亡。死因为基坑爆破后吸入坑内有害烟雾。

二、事故教训及对策

（1）以包代管，对分包管理不到位，现场管控不严。加强对基层班组和外包单位的管控，对涉及脚手架、受限空间、临时用电、动火等高风险作业方案制订和执行情况进行再排查。

（2）国家能源局省监管办公室要求"一厂出事故，万厂受警示，一地有隐患，全省受教育"。全国基建系统工地停产整顿一天，吸取事故教训。

三、深基坑掏挖的安全预控措施

（1）应编制爆破施工专项方案，经审批后执行。

（2）定时通风换气，定期进行气体检测。

（3）设置坑口围栏和盖板，防止坍塌的安全措施。采取防范物体打击伤害措施，正确使用安全防护用品。

（4）地面上应有监护人，留有紧急撤离的安全通道。坑口上作业监护人员与坑下掏挖作业人员应保持互动。深基坑开挖违章作业照片如图 12-10、图 12-11 所示。

（5）当土质有流沙层、渗水、局部塌陷等状况时，及时联系设计单位进行基础型式变更。电力勘测设计应有地质状态风险评估技术交底清单。

（6）监理工程师应尽职尽责，三级以上风险施工（基坑深 5m）监理应旁站，总监理工程师和项目经理应到位监督。

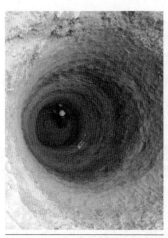

↗ 图 12-10　基坑开挖 5m 坑内人员状态

↗ 图 12-11　人工进行基坑开挖坑口局部状态

案例 2　违背施工方案作业，基坑内钢筋坍塌事故

一、事故原因

　　某基建工地，作业人员在基坑内绑扎钢筋过程中，筏板基础钢筋体系发生坍塌，造成 10 人死亡、4 人受伤。经调查认定和法院判决，监理单位项目总监理工程师、执行总监理工程师和土建兼安全监理工程师分别被判处有期徒刑。

二、事故分析

　　（1）施工单位未按照施工方案实施筏板基础钢筋作业。

　　（2）监理单位对施工单位未按照施工方案作业的违章行为监督不到位。对钢筋施工现场监理不到位，未及时纠正作业人员的错误施工。

三、事故教训及对策

　　（1）监理未组织安排审查劳务分包合同，施工项目经理长期不在岗，专职安全员配备不到位，总监理工程师没有及时通知与制止。

（2）总监理工程师对《钢筋施工方案》审核不严格，现场施工前未进行危险点交底。部分监理人员素质低（形同虚设），工作体系不完善（注重数据形式，缺乏关键把关）等，事故后伪造《监理通知单》，提供虚假、隐瞒事实的文件、资料。

（3）业主不通过监理单位进行工程变更、验收、计量、支付，造成监理工程师失去威信和控制能力。

（4）施工单位只注重经济效益，而质量意识、安全意识淡薄，不注重人员技术交底和安全培训，施工人员未按照施工方案实施筏板基础钢筋作业。

案例3　电厂冷却塔施工平台坍塌特大事故

一、事故原因

2016年11月24日，某发电厂三期扩建工程，冷却塔施工平台坍塌，造成72人死亡，2人受伤的特别重大事故，经济损失10197万元。在筒壁混凝土强度不足的状态下，违规拆除模板（脚手架），造成筒壁混凝土和模架体系连续倾塌坠落。

二、事故分析

（1）监理单位对施工单位专项施工方案的安全技术措施审查不严。施工单位报审的《冷却塔筒壁施工方案》文件，未按规定将筒壁工程定义为危险性较大的分部分项工程。未加入强制性条文"采用悬挂式脚手架施工筒壁，拆模时其上节混凝土强度应达到6 MPa以上（混凝土凝固期未到、强度未达到100%）"的技术措施。项目监理机构未能提供相关审查及书面整改要求的记录。根据《建设工程安全生产管理条例》第57条和《危险性较大分部分项工程安全管理办法》第5条规定，施工单位应当在危险性较大的分部分项工程施工前编制专项方案。施工单位应当组织专家对专项方案进行论证，方案须经专业监理工程师审查，总监理工程师审核签字。

（2）总监理工程师未履行监督职责。按强制性条文规定，拆除模板时，下一节筒壁混凝土强度应该达到 6 MPa 以上。对施工单位项目经理长期不在岗的问题总监理工程师无管控措施和通知单告知约束。

（3）施工单位在上节模板拆除时，下三节筒壁混凝土实际小时龄期均不足，且当地气温骤降，有小雨，气象条件延迟了混凝土强度的发展。

三、事故教训及对策

（1）在浇筑混凝土时监理工程师未旁站，未纠正施工单位不按技术标准施工、在拆模前不进行混凝土试块强度检测的违规行为。现场监理工作严重失职。

（2）电网电力基建单位管理失误，不顾现场实际、违背施工规律而抢工期。施工现场点多、面广、线长，施工方经理存在麻痹松懈思想，规章制度执行不严肃，安全培训不到位。总监理工程师存在工程分包管理不规范、安全管理协议不明确、安全职责界定不清晰等薄弱环节和漏洞。

（3）经国务院调查组认定，该事故为生产安全责任事故，责任单位的总经理、董事长、总监等 31 人被采取刑事强制措施。给予 38 人党纪政纪处分，9 人诫勉谈话、通报、批评教育。

第六节　基建事故反思与安全工作创新

案例 1　线路倒塔事故与建设部安全整改案例

一、事故原因

（1）2017 年 5 月 7 日，某 500kV 线路施工紧线作业时，因为塔根地脚螺栓使用不匹配的螺母，螺母紧固力不足且数量不足，拉线装设不合格，发生 181 号塔折倒，造成 4 人死亡，1 人受伤。

（2）2017 年 5 月 14 日，某送变电工程有限公司承建的铺集 110kV 输电工程，组立铁塔时错误地使用了与地脚螺栓不匹配的螺母，紧固力不足。在紧线过程中铁塔受朝向内角的水平力作用产生上拔时，铁塔基础无法提供足够的约束，造成铁塔倾覆。造成分包单位 4 人死亡，直接经济损失 413 万元。

二、事故分析

（1）业主现场管理不善，安全检查失职，工作应付公事，缺乏刚性约束；

（2）施工方人员技术素质参差不齐，缺乏培训和技术指导，作业不规范。施工经理对关键人员、关键环节、关键部件控制检查不到位。

（3）监理单位形同虚设，存在风险作业现场缺乏指导、监督、纠错功能。未尽职尽责。

三、事故教训及对策

（1）失职追责，尽职免责。事故后，分析事故原因，严肃处理责任单位和责任人。

（2）吃一堑，长一智。供电公司对事故进行反思，查找本单位问题，进行安全教育，开展安全活动，将供电公司承受的巨大的安全压力有效传递到每个作业点。参建三方单位（业主、监理、施工）落实情况，见《供电公司基建安全微信平台的全天候应用》。

《供电公司基建安全微信平台的全天候应用》

2017 年 5 月 7 日及 14 日，国内电力建设工程接连发生了两起，因地脚螺栓不匹配，造成线路倒塔特大人身伤亡事故。某供电公司认真落实国网基建〔2018〕371 号文件。《关于开展基建安全事故反思教育活动的通知》，公司主管领导出实招，重实干，求实效。建立了手机安全微信平台，涵盖供电公司 12 个输变电工程建设工地，156 名工程管理人员，330 名工地施工人员。探索创新安全管理方法，指导业主、监理、施工、设计、物资各参建单位。通过微信平台对网络图像、文字数据分析，对"每个作业点"实现全天候管控，如图 12-12 所示为手机微信安全平台效能示意图：平台的动力源是"鱼头"（公司领导），基建工程的作业点是"鱼尾"（参建者），建设部安全管理神经区是"鱼身"（管理者）。通过连锁的（建设部、监理、施工方）考核机制，每天平台信息通知的单位和个人，要及时汇报进度，汇报问题。单位负责人对问题必须在 24h 内回应解决，延误或不回应者进行量化考核。公司领导督导教化，使"手机安全微信平台"的能量迅速辐射到每个工程单位，展示出方便、快捷、高效的特点。实现了安全文件、会议通知、管理建议、技术交流、质量管理、设计更正、签证指导、物资调度等快捷高效处理能力。

1. 平台运作的安全机理

"手机安全微信平台"基于"走动管理"的安全原理建立。俗话说：基础不牢地动山摇。实则基础牢固，虚则百病丛生。基于实现基建安全策略，进行基建工程安全分析。以工程全过程安全生产为目的，实现每个作业点的安全运作。实与虚是一对矛盾体。务实创新则产生安全生产的正能量；而形式主义则产生队伍麻痹和管理障碍。安全与麻痹状态互联对应，影响电力基建工程发展进程，如图 12-13 所示。

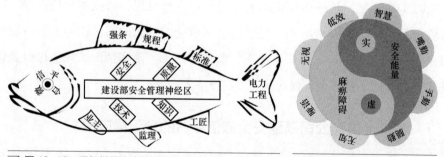

图 12-12　手机微信安全平台效能示意图　　　　图 12-13　安全与麻痹状态
互联对应示意图

安全能量区域：为务实创新的正能量，包含"手勤、腿勤、嘴勤、智慧"四个积极要素。手勤：按照规范全面执行；腿勤：按照规程、强条进行管理；嘴勤：见违章就说，不留寄生空间；智慧：按照规律办事，善于思考总结。麻痹障碍区域：为虚伪落后的灰色病体。包含现场积弊寄生的"无知、哑语、无视、低效"四个消极要素。无知：不读书、不看图，不研究问题；哑语：见违章不制止，关键时不发言；无视：现场违章熟视无睹，无对策方法；低效：遇事踢皮球，做形式与文字游戏。

2. 平台的运行机制及方法

手机微信通过文字、影像、语音等信息，使各工程状态，时时在线，一目了然。将供电公司领导指令、管理信息传递到工地，使工程安全管控措施快速落地。各监理项目部整理每日信息报告。供电公司主管领导与管理人员互动，有时早晨 6：00 发布消息，23：00 还在网上说有关施工的事情。打破 8 小时工作界限，积累了工程必需的安全管理运作时间，提升了全员工作效率。微信平台使基建安全效能运转容量扩大，现场安全活动半径扩大。

手机微信平台收集 12 个在建输变电工地的信息，实现了全天候、全方位、无死角的信息联系。准确记录了每天的工程进度和存在的问题。要求总监及时发现问题、及时汇报，相关单位立竿见影解决问题。建设部专责工程师每天对日报总结、通报存在的问题，对现场的违章和失误进行批评、通报、考核，奖罚分明，尽职者免责。

手机微信平台信息日报模板内容：①工程进度（变电站土建、电气、线路施工）；②安全质量；③问题追踪；④新遇问题；⑤其他。

3. 主管领导通过平台指导实例

主管领导询问："输变电工程总监理工程师 ××，挖掘机防倾倒措施做到没有？"

总监理工程师回答："挖掘机司机已进行技术交底。现在工地进行的 110kV 母线构架基础基坑开挖，挖掘深度为 1.2m，由于变电站整体地势低，后期还要回填土约 0.8m。挖掘机在小深度，小范围的工作量，满足履带行走和大臂转动的平衡要求。无深基坑作业时，挖掘机超出转动半径和坡度倾倒风险。整体施工进度在按计划实行，我们加强各部位的安全监护和现场巡视。"

事例点评：领导的问话，相当于现场考试。总监在现场掌握实际施工情况，经过周密思考、逻辑分析后，随即回答领导提问。快捷的方法消除了领导的疑虑，展示了监理的判断力和执行力。这一微信内容使在建的 12 个工程每个作业点都能看到，使工作负责人知道了基坑开挖过程如何防范隐患，约束违章。同时将领导承担的巨大安全管理压力，迅速传递到基建工地的各作业点。

4.建设部主任通过平台履职实例

建设部主任询问："输变电工程总监××，施工现场传递的照片显示工人安全帽佩戴不规范，工作服穿着不整齐。监理工程师和施工方经理为什么视而不见？今天在安全微信平台进行通报，按照安全量化考核各罚款1000 元！"

总监回答："是我们要求不严，严重失职。立即安排整改，已经对违章者做出批评处罚。我们一定按照《输变电工程安全文明施工标准》要求，完成土建阶段安全文明施工设施配置。夏季温度高，施工人员劳动强度大，流汗多，已要求施工方尽快采购，换为夏季工作服。"

事例点评：每天工程管理者应如履薄冰，应对复杂局面。通过网络传播，达到技术知识共享，安全管理经验共享。严格现场管理，不掩盖、不护短，敢于亮剑。形成团结紧张，立竿见影的安全氛围。

5.总监理工程师通过平台尽责实例

（1）1998 年《中华人民共和国建筑法》规定：国家推行建设工程监理制度。工程监理对质量、进度、投资控制和安全监督管理发挥重要作用。建设单位和监理单位根据合同约定，各尽职责。

（2）总监日常工作包括：监理日志、监理月报、监理总结、签发监理通知单、工程暂停令等。总监负责召开工地例会、图纸会审、转序验收、进度款签字、投产验收、签证会审等。总监将每天施工进度及存在问题发布信息。

（3）监理工程师日常工作包括：对施工现场的巡视、检查质量、检测尺寸、风险旁站、见证取样、隐蔽工程照片、监理日志等。总监应有工作使业主认可监理现场管理。

（4）实行总监负责制，监理进行"三控、两管、一协调"。贯彻"按照规律办事、按照规矩做人、按照规范施工"的原则。做到"品味虽贵必不敢减物力，工序虽繁必不敢省人工"的工程质量价值观。

（5）业主、总监、施工方通过微信群，三点成一线，聚焦现场，形成对安全部位攻关的合力。

案例 2　总监理工程师制止电气安装违章作业案例

一、未遂事故原因

　　2017 年 10 月 20 日，某新建 220kV 变电站土建工程转序后，进入电气安装阶段，监理单位根据现场风险管控规定，对施工过程的关键工序、关键部位进行安全监督。在 220kV 母线绝缘子吊装过程，监理进行旁站。吊装的大型管形母线，属于超长设备构件，支撑点为各部绝缘子。瓷绝缘子表面光滑，瓷质体脆性大，存在突发断裂风险，可能造成作业人员高处坠落和设备损坏。监理工程师发现施工单位未按施工方案进行作业，现场缺乏必备的安全条件要求。监理工程师发现隐患后，询问了施工方经理具体情况，并告知危险性，汇报总监理工程师。于是监理项目部下发"监理通知单"，令其改正，并汇报业主项目部经理。施工方因为施工设备和施工材料准备不足，为了赶工期，未整改继续施工。于是监理项目部签发"工程暂停令"，汇报业主项目部（建设单位）。业主主持召开工地安全例会，要求施工方闭环整改，采取相关措施后方可复工。

二、未遂事故分析

　　监理通知单的内容：

　　（1）瓷绝缘子的物理特性：质地坚硬，光滑脆弱，无延展性，在外力作用下易断裂。

　　（2）危险因素分析：人站在瓷绝缘子上面，脚与手的抓着力相应减弱，易登空下滑。

　　（3）整条管形母线在空中吊装时，意外摆动的冲击力会造成人站立失衡及瓷绝缘子受力断裂。

（4）现场不安全状态和可预见的风险程度，如图 12-14~图 12-16 所示。

三、未遂事故教训及措施

（1）违反《安规（变电部分）》18.1.3 "高处作业均应先搭设脚手架、使用高空作业车、升降平台、或采取其他防止坠落措施，方可进行。" 18.1.8 "安全带的挂钩和绳子应挂在结实牢固的构件上，或专为挂安全带的钢丝绳上，并应采用高挂低用的方式。禁止挂在不牢固的物体上 [隔离开关（刀闸）支持绝缘子、电压互感器绝缘子、电流互感器绝缘子、母线支柱绝缘子、避雷器支柱绝缘子等]"。

（2）接到工程暂停令后，施工方进行现场整改，复工后采取以下安全措施：①搭设脚手架，有人员站位的作业平台；②在构架上方安装能高挂安全带的支撑体，防止安全带低挂高用；③施工方经理、总监理工程师进行现场技术交底，安全员现场监护等；④对起重机司机进行安全教育培训，明确操作要点和安全要求。由工作负责人统一指挥起重机和安装人员的有机配合。

（3）探讨作业点风险防范的方法，见下文《总监理工程师的职责与工作能力发挥》。

↗ 图 12-14　现场违章安装高处
绝缘子

↗ 图 12-15　起重机现场违章吊装母线导体

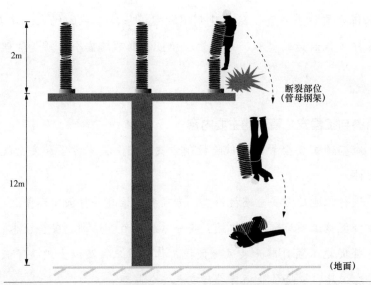

2m

断裂部位
(管母钢架)

12m

(地面)

图 12-16　220kV 管母安装过程绝缘子断裂人员坠落示意图

小贴士

《总监理工程师的职责与工作能力发挥》

　　建设工程监理实行总监理工程师（简称总监）负责制。总监是监理单位履行建设工程监理合同的全权代表，是监理单位法定代表人书面任命的项目监理机构负责人，是保障工程施工质量与安全等指标顺利实现的关键岗位。总监主要工作内容：进行工程质量、造价、进度控制，进行工程安全生产、合同、信息管理，进行组织协调（协调参建单位之间问题及合同争议）。

一、电力基建工程的特点

　　（1）电力基建工程量大，批复项目资金数量大，分布的作业地域广，施工机械类别多。

　　（2）以国有企业领导的参建单位为主，但长期参与基建作业的人员成分复杂，队伍素质参差不齐，队伍建制不稳定。基建工程的优点、缺点并存，在推动基建工程前行的过程，一些管理短板和弱项给安全、质量管理造成严重障碍。

二、总监参与工程安全管理的主要内容

（1）审查施工安全管理及风险控制方案、安全技术方案和安全技术措施等安全文件。

（2）进行工地日常安全巡视检查、专项安全检查并督促闭环整改。

（3）督促施工项目部进行机械、安全信息、教育培训、安全应急管理。

（4）督促施工项目部开展风险预控工作，对三级及以上风险等级的施工关键部位、工序、危险作业项目进行重点安全监理。

（5）总监定期召开工地例会和工程安全会议，如图12-17、图12-18所示。

（6）审查工程开复工报审表，签发工程开工令、暂停令和复工令。

（7）组织审核分包单位资格。检查施工现场质量、安全生产体系的建立及运行情况。

（8）组织工程预验收，编写工程质量评估报告，参与工程竣工验收。

（9）组织编写监理日报，监理月报，监理工作总结。

图 12-17 总监召开月度工地安全会议　　图 12-18 总监召开土建施工工地例会

实例 1 某 110kV 输变电工程监理日报

（土建施工人员 16 人、钢结构人员 9 人，参建人员共计：25 人）

一、工程进度

变电站土建施工：

（1）备用间隔土方（素土）回填夯实（采用压路机碾压）；

（2）C 型钢安装焊接，钢结构梁螺栓紧固；

（3）钢结构外墙砖墙砌筑。

线路施工：线路共计 57 基，浇筑完成 41 基，占基数的 71.9%（今日 N24 基础浇筑，N26 基础拆模，N3 基础钢筋绑扎）。

二、安全质量

监理进行施工质量检查，构架基础浇筑全过程旁站：

（1）回填土见证取样；

（2）要求施工项目部做好站内施工关键部位照片；

（3）线路基础浇筑，监理全过程旁站。

三、问题追踪

110 电缆井因与 10kV 电缆排管相连漏水一事，郊区公司采取用 10 多台排污车同时抽水，查找漏水原因，向公共事业局打报告，商议处理办法。

四、新遇问题

（1）2 号基础道路被人突击栽树，挖掘机进场受阻，施工单位正在协调。

（2）地脚螺栓供货不到位，监理与业主协调布置，采取措施，强力推进施工进度。

五、其他

接到建设部副主任网络通知。要求明天学习国网基建〔2018〕371号文件，《国家电网公司关于开展基建安全事故反思教育活动的通知》。

日报效果点评：总监用心编写监理日报，不断增加工程运行知识和管理技巧。在微信平台公布后，全部在建工程的参建者会用心去阅读。用管理数据诠释安全效果，潜移默化地提升了整个工程人员的管理素质。

实例2　某110kV输变电工程监理日报

一、工程进度

220kV某变电站新增间隔的110kV迎马线试运行，新建110kV变电站主变压器及35kV母线及各分路断路器、10kV母线及各分路断路器、电容器组设备试运行，主变压器差动保护等已校核正常。明天10kV各分路和35kV分路试送电。线路项目部进行迎马线路的夜巡，电气项目部及监理工程师进行主变压器及电容器组等红外测温，无异常。至此，监理单位在该输变电工程项目监理工作全部完成，明天不再日报群里汇报。感谢各参建单位多年的辛勤付出，感谢建设部、物资部、设计院等各位领导专家的指导，感谢供电公司副总经理的坚强领导。

二、安全质量：无。

三、问题追踪：无。

四、新遇问题：无。

五、其他

运维部，建设部领导参加试运行，供电公司副总经理百忙之中来新投运变电站指导工作。实践证明今年在基建工作量大，队伍参差不齐，上级安全标准要求高的环境下，基建工程保持了安全稳定。在每天如履薄冰的感觉中，领导用压力逐级传递严格管理的信息，在全天候、全过程、全员管理中起到了良好作用。使大家在严峻形势面前，有了工作主动性和自信心。于是队伍水平在提高，人才在成长，安全、质量有了抓手。

小结

监理工程师的安全工作方法：认真开展见证取样、巡视、旁站、平行检验、协调、文件审查、签发文件和指令、签证。项目监理机构采用签发会议纪要和监理工作联系单、监理工程师通知单等形式进行施工过程的控制。

实行总监负责制，形成小业主，大监理的合同管理氛围。总监面对困难，勇挑安全重担，在工程制度约束的活动半径内（外出需要请假），全勤而有效开展监理工作。总监根据日报内容，准确记录输变电工程的运行轨迹，做好每天的监理日志。总监负责召开的各种会议（如图纸会审会议、工地例会、工地安全会议、土建交安装转序会议、投产前验收复查结论会议、签证会审会议），应将会议纪要发布于安全微信平台。

总监应明察秋毫、敢于亮剑。总监应有个运动员的腿、婆婆的嘴；多找问题、多批评，将安全理念影响到每个作业点。总监应善于在工地进行危险源辨识和风险评价，安全事件零容忍；采用联系单、通知单、工程暂停令等书面方式，制止现场违章作业和错误施工方法。总监工作程序应贯彻"品味虽贵必不敢减物力，工序虽繁必不敢省人工"的质量价值观。对基建工程参建者倡导"按照规律办事、按照规矩做人、按照规范施工"的工作作风。

第十三章

小动物造成设备短路事故案例

　　老鼠、猫、壁虎、鸟、蝙蝠等小动物造成的电力设备短路事故，是变电站高压配电装置和输电线路运行中频发性事故。小动物事故的原因，主要是线路防鸟设施不完善，变电站高压室门窗或电缆孔洞封闭不严，使老鼠、壁虎、小鸟、蝙蝠等进入高压室，以致造成设备接地、短路事故。如图 13-1～图 13-3 所示。

图 13-1 户外老鼠活动　　图 13-2 蝙蝠的翼展　　图 13-3 爬墙壁虎

第一节　老鼠造成变电站设备短路事故

案例 1　鼠害扩大事故及技术分析

一、事故原因

　　2000 年 10 月 12 日 22 时，110kV 某变电站 10kV 高压室因 501 开关柜电死一只老鼠。11 面开关柜被电弧烧毁，10kV 母线侧 4 组隔离开关全部烧毁。由于变电站没有蓄电池，发生短路后，电压降大，交流整流电源不能提供保护电源，使各级保护拒动，主变压器低压侧套管闪络炸裂，B、C 相 $\phi30$ 的铜导电杆被烧断。同时 5、6、7 号小机组因保护动作而事故停机。

二、事故分析

　　（1）管理短板分析。电缆沟孔洞未封堵，工作时高压室门的防鼠挡板拆下后未及时装上，如图 13-4、图 13-5 所示，老鼠进入高压室是引发这次事故的直接原因。当老鼠在开关柜内爬行时，触碰带电部位，使 10kV 母线对地产生间歇性电弧，引起弧光接地过电压，导致设备短路事故。

（2）技术原理分析。主变压器低压侧为三角形接线，是不接地系统。整个 10kV 系统每相都有对地电容分布。当发生老鼠单相接地时，故障点的电容电流，形成熄弧与电弧重燃相互交替的不稳定的状态，间歇性电弧导致电磁能的强烈振荡，在绝缘薄弱环节首先发生击穿，引起弧光过电压（最高值可达 4 倍运行电压），系统因此多发 TV 烧坏，避雷器爆炸，母线短路的转移事故点。

↗ 图 13-4　高压室门未关闭无挡板　　　↗ 图 13-5　控制室的电缆沟未封堵

三、事故教训及对策

（1）设计和基建阶段。变电站设备防鼠、防火设计先天不足。①高压开关柜封闭不严，柜内导电回路未采取绝缘隔离措施。开关柜绝缘子爬距设计裕度小，容易出现绝缘弱点。电缆沟进入高压室内关口部位没有封堵严密，高压室门窗管理不善。②直流系统没有蓄电池，发生事故后，直流母线失压不能及时切除故障点，造成火烧连营事故扩大。

（2）运行阶段。①变电站站长对鼠害防范不重视、方法不得当，面对鼠害多发事故，存在侥幸心理。②值班员对鼠药、粘鼠板等布置不到位，高压室门窗关闭不严，电缆沟部位没有采取针对性的封堵措施。③变电站夜间照明不足，值班员应急能力差，缺乏事故处理经验。

（3）运维检修部应加强生产技术管理，进行开关选型、安装施工、运行维护、检修试验全过程的安全技术监督。对高压室门窗、电缆沟、开关柜等防小动物措施进行标准化定置管理，如图 13-6、图 13-7 所示。对易造成小动物短路的设备导电回路加装绝缘包带。

↗ 图 13-6　高压室内防鼠粘胶捕鼠　　↗ 图 13-7　值班员进行电缆沟防鼠检查

案例 2　变电站连续发生鼠害短路事故

一、事故原因

（1）1992 年 2 月 1 日 22：50，某 110kV 变电站对小动物疏于防范，使老鼠进入 10kV 高压室 310 总屏内，引起三相弧光短路，使主变压器停运。事故后没有检查电缆沟等是否存在漏洞，无防鼠措施。2 月 21 日，该变电站又发生一起鼠害事故。检查发现 10kV 高压室电缆沟入口有孔洞。

（2）1995 年 11 月 10 日 23：58，1 号主变压器的过流保护动作跳闸，检查发现老鼠爬到 4 号间隔内隔离开关处造成弧光接地，使隔离开关绝缘子烧毁。11 月 15 日 0：16，变电站 1 号、2 号主变压器过流保护动作跳闸，120 断路器起火，10kV Ⅰ、Ⅱ段母线失压。经检查 10kV Ⅰ段母线瓷绝缘子有放电痕迹。由于上次鼠害事故形成的过电压，对母线绝缘子造成损害，夜间电压比较高时，受损绝缘子击穿形成弧光短路。12 月 2 日 6：59，变电站 1 号、2 号主变压器过流保护动作再次跳闸，120 断路器起火。120 联桥断路器烧毁。检查发现月 14 号隔离开关处电死一只老鼠，因为高压室窗户玻璃被人砸坏，老鼠进入高压室。

二、事故分析

（1）老鼠大多夜间出没，善于钻洞、攀爬，瘦长的身体和长尾巴，具备造成电气设备接地、短路的物理条件。

（2）高压室电缆沟有孔洞使老鼠进入带电间隔造成短路事故。

（3）高压室窗户玻璃破损未及时修复，使老鼠进入高压室造成短路事故。

三、事故教训及对策

（1）该变电站连续发生鼠害事故，变电站设施管理失误原因：一个是电缆沟孔洞未封堵，一个是窗户玻璃损坏未及时修复。

（2）存在管理问题：变电站站长存在麻痹侥幸，松散无为；工区领导认为防鼠是小事情，则对此项工作不用心思，缺乏安全策划和监督检查。

（3）从设计安装阶段采取技术防范措施，对易造成小动物短路的设备导电回路新装绝缘隔离包带。为了防止小动物短路事故，落实电网重大反事故措施，变电站室内、室外设备导电回路采用新技术材料，进行绝缘包装隔离措施，如图 13-8～图 13-11 所示。

图 13-8 室内开关柜电缆终端绝缘隔离

图 13-9 室内开关柜接线铝板绝缘隔离

图 13-10 变压器导电回路绝缘隔离

图 13-11 室外设备相间绝缘隔离

四、针对大量小动物事故，提出变电站预防小动物事故技术措施

（1）严禁将食物带入变电站主控室、高压室，严禁在设备区种植、堆放粮食作物。禁止变电站值班员和施工人员带宠物进入变电站设备区。

（2）高压室的门设防鼠挡板，出入高压室应随手关门，损坏的门窗及时修复，施工后电缆孔洞应及时封堵。

（3）高压室、控制室对鼠药、鼠粘胶、防鼠板实行定置管理，应按周期设防鼠药和捕鼠器具。

（4）端子箱、机构箱、保护盘、高压开关柜等应密封良好，开关柜相间与对地距离小的设备应增设防鼠罩，封闭式开关柜导流部分实行中相绝缘。

（5）布置防鼠设施：应首先在室外布置鼠药，以减少老鼠进室内的机会。应有鼠迹必追，有鼠洞必堵，重点检查高压室的电缆沟。

（6）针对蝙蝠、壁虎活动规律，采取堵塞高压室门窗缝隙和放置粘鼠板的办法（对壁虎有效），夜间设备区应闭灯运行，以减少蝙蝠、壁虎食用的飞虫。

（7）小动物短路事故的规律和特点：事故多发生在夜间，值班员在夜幕降临前，应认真检查高压室门、窗是否关好，施工中打开的孔洞是否堵好。

（8）由运维检修部、安监部、变电工区及各施工单位组成防小动物管理网，进行策划、实施、检查、处理、督导。

（9）对于高压室周围开挖电缆沟、敷设电缆等工程，应在工作票中填写有关防小动物的内容，当日收回工作票时，恢复开挖部位的封闭原状，次日继续开工。

第二节 猫、黄鼠狼、蛇造成设备短路事故

案例 1 猫钻进高压设备间隔，引起短路烧毁设备

一、事故原因

（1）1980 年 2 月 22 日 23：55，某变电站检修班在施放 23 号开关柜电缆后，网门没关上，电缆洞口又未封闭严密，站内电缆沟盖板不全，使猫钻入 6kV 高压室。一只猫跑到 23 号开关柜内，引起相间短路起火，造成 3 号主变压器保护动作跳闸。

（2）2004 年 1 月 15 日，220kV 某变电站 1 号主变压器 10kV 母线桥户外电抗器，因一只猫造成 A、B 相短路，进而发展为三相短路，1 号主变压器差动保护动作跳闸，如图 13-12 所示。同时 220kV 母差保护因整流桥的两个回路二极管损坏，造成误动作（保护 1998 年投入运行，2003 年 12 月试验正常），220kV Ⅱ母失压，损失负荷 9 万 kW。

（3）2019 年 12 月 18 日，某变电站值班员在设备区进行巡视时，发现一只黑猫电死在室外 10kV 电容器的外壳上，如图 13-13 所示。

二、事故分析

（1）寒冷的冬季，变电站的电气设备附近相对温暖，容易被小鸟、老鼠、野猫等小动物当成度冬场所。猫具有攀爬能力，可能是夜里跳到电容器组，抓捕过夜的小鸟时，而发生意外触电事故。

（2）猫进入高压室内是因为施工时电缆洞口未封堵或门窗未关严。

三、事故教训及对策

（1）重视变电站防小动物危害措施的布置落实，对防小动物应采取"挡、

堵、抓、查"四种方法。

（2）采取防止小动物短路的技术措施，室外电容器组安装时将导电回路包装绝缘隔带，如图 13-14 所示。

↗ 图 13-12　户外 10kV 电抗器上被电死的猫

↗ 图 13-13　室外 10kV 电容器电死的猫

↗ 图 13-14　室外 10kV 电容器导电回路绝缘包装隔离措施

案例 2　黄鼠狼钻进母联间隔造成主变跳闸

一、事故原因

1981 年 12 月 10 日 03：50，某变电站一只黄鼠狼钻进 10kV 母联间隔
TA 与隔离开关之间，造成相间短路，主变压器低压侧过流保护跳闸。

二、事故分析

检修班在敷设电缆时，挖开电缆预留孔，收工时未堵。值班员未到现场
验收，当天夜里黄鼠狼从孔洞钻进高压室内，引起短路事故。

三、事故教训及对策

（1）黄鼠狼善于钻洞是老鼠的天敌，进入高压室是为了追踪老鼠。黄鼠
狼身体瘦长，如果进入高压开关柜内部，比老鼠更容易造成短路事故。

（2）黄鼠狼不吃鼠药，进入室内更难控制，应加强综合治理防治黄鼠狼
进入高压室危害设备运行。

案例 3　壁虎引起设备短路，10kV 母线失压

一、事故原因

（1）1986 年 4 月 13 日，某变电站壁虎爬到 10kV 19 号开头柜 B 相穿
板套管处，造成相间弧光短路 10kV 母线失压。

（2）1987 年 6 月 17 日夜，某变电站 10kV 南母铝排引线至穿墙横梁处，
发生两只大壁虎引发的接地短路事故（10kV 线路为"两线一地"运行），
造成 10kV 南母失压。

二、事故分析

（1）运行巡视发现壁虎在高压室有大量活动痕迹。由于壁虎身体扁平、善于攀爬，所以壁虎更容易进入高压开关柜内部和保护屏端子排之间。

（2）变电站设备区夜间灯光照射吸引大量蚊虫，使壁虎追逐觅食。因此，变电站一次设备导电回路和二次回路的保护屏、端子箱、机构箱内部均应有预防壁虎短路的措施。

三、事故教训及对策

（1）根据小动物的移动式破坏方式，发生事故的位置不固定。所以设计变电站设备接线时，应在变电站一次设备导电回路，采取导体外部的绝缘隔离措施，三相间距离设计尽量扩大。

（2）二次回路关键部位也应设计防止小动物短路的绝缘隔离措施（室外端子箱内防止潮虫、爬虫、飞虫类进入）。变电站现场巡视经常发现有壁虎进入端子箱、机构箱内部的现象。

案例 4　一条蛇爬上运行线路和变压器，造成断路器跳闸

一、事故原因

（1）1988 年 5 月 24 日 21：50，某变电站 10kV 34 号断路器速断保护动作跳闸。原因为马楼村配电变压器高压侧有一条蛇引起短路。

（2）1992 年 5 月 23 日 22：52，某 110kV 线路跳闸，经事故查线发现53 号耐张塔有一鸟窝，塔下地面有一条约 1.5m 长的蛇被电弧烧死。同时发现铁塔 A 相引流线和横担上有放电痕迹，（线路巡视时对鸟窝未及时发现和拆除）。

二、事故分析

（1）长蛇爬上杆塔捕捉小鸟引起引流线和横担间接地，造成线路跳闸事

故。线路运行维护人员对该线路巡视检查不到位或对鸟窝视而不见。

（2）变压器周围有树木杂草引来长蛇，并且变压器外部导电回路没有绝缘隔离措施。

三、事故教训及对策

（1）巡线人员应加强对线路的巡视，发现杆塔有鸟窝应及时汇报、登记，有计划地拆除鸟窝。

（2）及时清除变压器、线路杆塔周围的杂草、爬藤植物、树木，防止鸟类、蛇类动物在周围栖息。

第三节　飞鸟、蝙蝠造成设备短路事故

案例 1　麻雀、喜鹊飞入变电站造成设备短路事故

一、事故原因

（1）1979 年 5 月 10 日 8：40，某变电站一只麻雀嘴衔漆包线落在 1 号主变压器 10kV 母线桥上造成 B、C 相间短路，主变压器差动保护动作跳闸。如图 13-15 所示。

（2）1990 年 5 月 31 日 19 时，某变电站 10kV 高压室因麻雀飞入，引起 102 间隔母线侧隔离开关 A 相静触头对 10kV 北母 C 相放电短路，使 101 开关过流保护动作跳闸。

（3）2008 年 12 月 6 日，一只喜鹊飞落到某 35kV 变电站 351 断路器引线上，导致 A、B 相短路，造成该线路停电 2h。

二、事故分析

（1）麻雀嘴衔漆包线导致 10kV 母线导体相间短路。

（2）喜鹊身体及羽毛导致设备导线相间短路。

三、事故教训及对策

事故后运维检修部部署，在各变电站主变压器 10kV 侧引线和 10kV 穿墙套管引线各暴露部位安装绝缘隔离护套，防止鸟害。

案例 2　蝙蝠飞入高压室，造成母线短路事故

一、事故原因

1988 年 7 月 18 日 21:15，某变电站由于七只蝙蝠落到 10kV 母线上，造成多处放电短路，2 号主变压器保护动作跳闸，全站失压。事故后仔细检查发现，高压室门的伸缩缝超大，使蝙蝠在夜间能自由出入，长期存在的隐患最终引发事故。

二、事故分析

（1）蝙蝠喜欢吃飞虫，变电站因灯光招引飞虫，是蝙蝠捕食活动的场地。高压室安静无天敌干扰，可避风雨，冬季可避寒，是蝙蝠的理想栖息地。蝙蝠的翼展可达 15cm，如果进入设备运行的带电空间，具备相间短路的条件。

（2）新老高压室门的伸缩缝较大，使蝙蝠在夜间能自由出入，长期存在的隐患，使偶然成为必然。

三、事故教训及对策

（1）加强室内外设备导电回路的绝缘包装。

（2）做好门窗缝隙封堵，高压室排风扇孔洞封堵，隔绝蝙蝠进入途径。

（3）注意观察蝙蝠活动地点，堵塞去除蝙蝠巢穴的入驻路径。

案例3 老鹰抓兔子引起的变电站跳闸事故

一、事故原因

　　1997年某电厂升压站110kV后农线，一只叼着兔子的老鹰落在1号杆塔B相绝缘子，造成线路接地短路，如图13-15所示（可能造成同类事故的麻雀嘴衔漆包线示意图见图13-16）。引起农电1B相电流互感器内部引线烧断，造成农电1差动保护拒动。因2号主变压器110kV侧零序功率方向元件极性接反，造成2号主变压器110kV零序保护拒动，使2号主变压器110kV零序保护（不带方向）动作，跳主变压器三侧开关，2号机停机事故扩大。

　　　图13-15 老鹰抓兔子示意图　　　　　图13-16 麻雀嘴衔漆包线示意图

二、事故分析

　　（1）老鹰的身体比较大加上兔子的身长，落在110kV线路造成线路接地、短路条件。

　　（2）线路巡视时，注意观察鸟类活动对线路安全运行造成的影响，采取针对性措施加以制止。

三、事故教训及对策

　　（1）野外在飞鸟多的输电线路运行环境，应采取防止导线短路的长效技术措施，对导线包装绝缘外皮隔离。

　　（2）安装针对性强的驱鸟装置，避免鸟类在线路绝缘子部位停留。

案例 4　鸟粪便排泄绝缘子上，造成 110kV 线路跳闸

一、事故原因

　　2002年5月15日13:25，110kV佛广线零序Ⅱ段保护动作断路器跳闸，重合闸不成功。经巡视发现佛广线32号杆B相合成绝缘子闪络，造成线路跳闸。更换绝缘子后，于15时恢复送电。对绝缘子检查后，发现其表面附着有很多鸟粪，绝缘子的金属部件有放电痕迹，其他部位无异常，故判断为由鸟粪造成放电事故。如图13-17～图13-19所示。

二、事故分析

　　随着人们对环境保护意识的增强，造林面积的增加，各种鸟类增多，同时也为输电线路带来了鸟害问题。

三、事故教训及对策

　　（1）线路巡线注意鸟类活动情况及规律性，鸟类集中的地方应在横担上加装防鸟刺及其他驱鸟装置。

　　（2）类似事故：1997年5月，220kV姚鸭线投运后的第二年，即开始频繁跳闸，前后达6次之多，输电部专责工程师通过测零值、测盐密值，都找不到原因。从现场检查和对沿线群众走访，最终确定为鸟害，这类事故在河南还是首例。反复预防过程：①在鸟类聚集点杆塔更换为复合绝缘子，调爬后仍不解决问题；定做大伞群的复合绝缘子也无济于事。安装 1m² 的隔板也

图 13-17　电死的喜鹊

图 13-18　鸟类做窝孵蛋

图 13-19　杆塔喜鹊搭窝

未奏效。②派人蹲点观察，最终采用鸟刺和驱鸟器并用的方法解决了问题。1998 年、1999 年两年该线路未因鸟害而跳闸。

第四节　成功防范小动物案例

案例 1　布置鼠药、粘鼠板进行防范

一、事件经过原因

2001 年 7 月 18 日，220kV 某变电站，1 号主变压器因有载调压部分故障检修，2 号主变压器带重要负荷运行。现场检修人员进出高压室工作多，门户关闭不及时、不严密，值班员巡视设备时，发现 10kV 两段母线的南、北高压室进入蛇和老鼠。由于变电站平时防范小动物措施到位，在高压室布置了鼠药和粘鼠板，使进入南、北高压室的蛇和老鼠被粘在粘鼠板不得脱身，另一只老鼠被毒死在墙角。避免了 10kV 母线接地、短路跳闸故障。发现小动物入室的隐患后，变电工区在各变电站室外大范围撒了新配制的鼠药，重新进行电缆沟入口的密封检查。

二、事件分析

（1）设备检修时，由于需要进设备和大型工具，临时会将高压室门的防鼠挡板暂时去掉。给小动物进入的机会。

（2）由于轻视防小动物工作，高压室门的防鼠挡板去掉后无人管理，工作告一段落，怕麻烦又没有及时恢复防鼠挡板位置。

三、经验及对策

老鼠、蛇一旦进入高压室，隐蔽性强，活动快，发生事故的概率大。未遂事故后变电站认真查找问题，整改隐患，深刻接受教训。某 220kV 变电站

站长说："小到壁虎、老鼠、蛇，大到猫、狗、黄鼠狼都应进行防范。看着不起眼的小事情，工作做不好麻烦可就大了！"。他摸索出了一套防、抓小动物的方法。他用图表详细记录鼠药、粘鼠板、防小动物挡板等的摆放位置，标记保护屏、电缆夹层等的封堵位置、数量。还明确罗列着鼠药、粘鼠板的更换标准及日期。每月他结合变电站巡视，进行地毯式搜索，通过对爬行动物残留痕迹和飞禽动物残留羽毛、粪便，分析判断寻找到小动物聚集地点，采取相应驱逐和抓捕措施。

案例 2　清除 TA 接线盒内的鸟窝，避免设备停电

一、事件经过

　　500kV 变电站某线路准备试运行时，在 1 台线路 TA 的二次接线盒发现一鸟窝，如图 13-20 所示。如果没有发现鸟窝，线路试投成功，运行中 TA 接线盒内的鸟窝就将是一个定时炸弹，随时有可能导致二次回路短路保护误动，造成该 500kV 线路跳闸停电事故。

 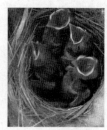 

(a) 全景　　　　　　　(b) 微距　　　　　　　(c) 局部

图 13-20　TA 接线盒内的鸟窝及小鸟局部活动

二、事件分析

　　（1）小鸟在设备二次回路分布的空间活动，会产生二次回路短路的危险因素。

（2）变电站大多地处野外，便于鸟类捕食飞虫生存。为躲避天敌和风雨，小鸟选择在设备的漏洞处搭窝。设备安装人员与验收人员如果不注意，任其发展就可能造成永久的事故隐患。

三、经验及对策

（1）TA 接线盒的结构设计和施工管理的疏漏。TA 接线盒内出线口共有三个，而现场仅需要用其中一个，其他两个出口可以用厂商提供的塑料壳封闭。但该塑料壳在热胀冷缩作用下极容易脱落，使小鸟有空可钻。

（2）施工人员对封闭用的塑料壳马虎作业，造成事后塑料壳脱落。

（3）举一反三，在对同型号的 TA 进行安全排查后，发现同一线路对端变电站的 TA 接线盒内也筑有鸟窝。由此可见，对 TA 接线盒的出线口封闭应引起重视。

第十四章

绝缘子污闪及过电压事故案例

电力系统由导电回路和绝缘部件支撑而形成供电网络。在高电压的作用下，导电回路完成电流的长距离输送；导体各部位由绝缘子或绝缘材料支撑完成与大地的绝缘。如果绝缘部件性能降低，就会出现局部放电现象，导致供电中断或设备损坏。防止绝缘子污闪事故是运维检修部重点进行的重大反事故措施。

第一节　输电线路绝缘子污闪事故

案例1　某220kV输电线路绝缘子污闪事故

一、事故原因

2004年12月15日，天气为罕见浓雾天气，能见度不足30m。绝缘子污闪使该地区220kV（2座）变电站失压。因220kV申潢线断路器拒动，造成220kV母差保护动作。本次事故造成2座220kV变电站、9座110kV变电站失压，损失负荷约120MW，直接经济损失1.19万元。事故后对220kV线路进行巡线，发现220kV申潢线32号塔中相雾闪造成瓷绝缘子击穿。

申潢线本次故障点发生在32号塔（Z2型塔），绝缘配置为XP-7型瓷绝缘子，悬垂串13片。该线路设计污区为Ⅰ级，事故后对换下的绝缘子进行盐密测试，盐密值为0.07mg/cm²，属Ⅱ级污区。根据该市环境监测站提供的测试报告，2003年8月市区监测API结果为143，近几天监测均在143以上。事故杆塔附近今年以来新建了许多高粉尘的膨润土小加工厂，产生了许多粉尘污染。加之气候突转为浓雾天气，附近又有叶信高速修路工地的尘土影响，引起较大粉尘污染。由于近几天的浓雾天气影响，从而造成绝缘子快速积污，造成雾闪。从现场换下的绝缘子也可看出，瓷绝缘子下表面粉尘物质较多。

二、事故分析

（1）通过察看故障现场和实验数据，可以确定污染加剧、线路外绝缘配置低，不满足污秽等级要求，大雾天气是造成瓷绝缘子闪络的原因。申潢线于1989年投运，已经运行15年（瓷绝缘子闪络事故周期）。该线路全长90.3km，杆塔282基，该线路设计时绝缘配置为普通瓷绝缘子（悬垂13片，XP-7型。耐张14片，XP-10型）。近年供电局对该线路重点部位进行了防污改造，更换为防污瓷绝缘子（XWP_2-70型），但还有50基未改造，仍为普通瓷绝缘子。

（2）经检查申潢2断路器B相拒动原因为：合闸一级阀与合闸二级阀之间高压连管的密封垫子开裂。一级阀行程出现偏差，使二级阀动作不到位，造成断路器不能断开。该断路器型号为SW7-220，为某高压开关厂1985年产品，该断路器设备自1989年起服役，已经运行15年。

（3）母差保护误动作原因。当合潢220断路器时，由于母差保护装置原理性缺陷，造成母差保护动作。现场录波图显示潢220断路器的C相二次电流幅值为7.28A，母差保护定值为3.96 A，此时220母联电流超过差动保护定值。由于潢220母联断路器的辅助接点不能及时打开，造成母联二次电流回路不能及时切换到差动回路，使C相差动继电器动作跳开运行母线上的断路器。

（4）变电站控制室现使用DT20型模拟调度交换机，只有交流220V供电电源，当变电站全站失压后，调度交换机失电，中断了调度电话和行政电话的通信。

三、事故教训及对策

（1）220kV申潢线外绝缘配置低，达不到相应污区绝缘子技术防范要求。

（2）变电站220kV上母线、旁母线及申潢间隔悬垂串瓷绝缘子当时设计选型为15片（X—4.5），数量48串，爬电比距为1.66kV/cm，已经不满足目前变电站所处位置的防污等级要求。（省公司2003年最新污秽等级划分图中标示为Ⅱ级水平）。

（3）变电站值班员处理母线失压事故时业务技能和应急能力差，没有严格执行《调度规程》；没有向调度汇报而合上潢220断路器（恢复站用电源）。同时暴露出现场值班记录不完整、不规范，对事故掉牌信号记录不全。

（4）事故暴露出该变电站220kV输变电一、二次设备老化，已不能满足该站安全运行的要求。

（5）按照《省公司防污技术原则》要求，对220kV申潢线目前仍在挂网运行瓷绝缘子进行更换。悬垂串更换为合成绝缘子，耐张串更换为XWP-100型防污瓷绝缘子。在没进行绝缘子更换前，加强对线路的运行巡视、清扫维护工作，做好事故预想。

案例2　电网500kV线路冰闪事故

一、事故原因

自2014年12月20日以来，华中地区自北向南普降大雪，气温降至-5℃，风速达到10m/s，湖北、湖南大部分线路500kV线路覆冰严重，多条线路因覆冰舞动跳闸，对电网安全稳定运行造成严重威胁。

12月21日，500kV双樊线跳闸，选A相，重合不成功，三相跳闸。巡线结果：500kV双樊线60号塔A相绝缘子串因覆冰舞动掉落，导线断线落地。另外，巡线发现500kV斗樊线13号塔绝缘子自爆13片，其中C相5片。21号塔右相绝缘子自爆17片（共28片）。

12月21日，天气变化恶劣造成湖北220kV荆潜线2次跳闸，荆枣Ⅰ、Ⅱ回线各跳1次，葛荆线跳2次，六次跳闸全部是覆冰所致，并造成两处避雷线断线掉落在导线上，经抢修已全部恢复送电。

12月22—24日，500kV江城直流先后6次故障闭锁。经巡线检查599号杆线路双极绝缘子覆冰达30~40mm，并有闪络痕迹。极Ⅰ987号杆、极Ⅱ579号杆、极Ⅱ584号杆也有冰闪闪络痕迹。26日江城直流极Ⅰ、极Ⅱ转检修，进行江城直流双极986~990号杆、579~602号杆除冰工作。

12 月 25—27 日，500kV 复沙Ⅱ回故障 6 次跳闸。巡线发现：复沙Ⅱ回线 29 号、30 号、31 号、184 号杆被冰冻住；186 号杆有明显放电痕迹。复沙Ⅱ回线转检修。

12 月 26 日 500kV 岗复线跳闸，强送成功。巡线结果：岗复线 197 号杆有冰闪痕迹。塔覆冰达 50mm，地线有 30mm，且有舞动。

12 月 27 日 500kV 万龙线 555～557 号塔导线覆冰严重，冰柱长度达 1m，分裂导线被冰成一个整体，直径达 300mm，导线与绝缘子、横担面已连通，铁塔结冰达 0.5m。巡线发现：500kV 三万线 63 号塔左地线支架被冰雪压变形，暂不影响运行。500kV 三万线有 30 多个塔杆之间的杆塔、导线、地线、绝缘子串被冰雪包裹，厚度达 50mm，设计允许为 15mm，随时可能发生断线倒塔事故。

二、事故分析

（1）覆冰对绝缘子伞裙的桥接，破坏了绝缘子的爬距效果，减小了绝缘子表面电阻值。冰雪在绝缘子表面形成不良状态水质混合物，由覆冰引起的绝缘特性下降导致绝缘子闪络。

（2）12 月 21 日以来华中电网连续多起 500kV 线路跳闸事故，实属历史罕见。由于秋末冬初以来华中地区出现历史罕见的干旱，近三个月未下雨，空气中的悬浮尘埃随凝结的雾滴沉降，致使近地面大气污染浓度突发性增高，持续大雾带来污秽沉降，使绝缘子污染加重。此次由于冰雪气候条件造成的线路覆冰随着降雪气温回升，冰雪融化，绝缘子表面形成污水极易引发导电通道冰闪。

三、事故教训及对策

（1）全网各单位要结合本通报反映的线路故障情况，结合本单位、本地区线路运行、气候（包括微气象条件）、污秽、防雷、外力破坏等情况进行调查和综合分析，做好输电线路综合治理，做好输电线路防灾减灾事故应急预案，并认真抓好防范措施的落实工作。

（2）强冷空气袭击故障发生后，省公司领导亲临调度室指挥事故处理及抢修工作，向国调中心汇报事故情况。同时省电力公司及时组织运行维护人员紧急出动，按照故障录波提供的故障测距，以故障测距点为中心向两边巡线查找，上报故障情况。

（3）事故应急预案组织准备充分，事故处理及抢修指挥工作有序。网、省调度部门针对电网实际，运行方式合理，调度指挥果断、有力，反事故预想准备充分。省调根据应急预案，提前压限40万kW负荷，为防止事故扩大做出了重要贡献。

（4）本次事故中，继电保护装置基本动作正常，有效控制了事故范围。

案例3　线路110kV悬式复合绝缘子污秽闪络及红外诊断

一、事故原因

2014年1月30日10:21至31日18:47，某110kV输电线路连续3次发生A相接地故障（大雾天气，微风，环境温度−1℃，空气湿度90%）。线路距离Ⅰ段保护动作，重合闸动作成功，故障录波测距故障点距变电站1.3km（该110kV线路长度19.8km，复合绝缘子型号FXB-110/70，1999年生产）。大雾及小雨天气视线不良，道路泥泞，巡线人员对线路高处故障点观察寻找困难。输电运检专业人员对该线路进行逐档（基）巡视。对78~85号杆塔进行了登杆巡视。发现81号杆A相复合绝缘子闪络，绝缘伞裙与芯棒护套严重烧伤，均压环有明显放电烧伤痕迹，如图14-1所示。

二、事故分析

（1）该线路位于黄河滩区的潮湿环境，浓雾天气绝缘子表面受到水分湿润程度较严重。

（2）黄河滩区各类飞鸟较多，鸟啄复合绝缘子使芯棒进水内部受潮。

（3）绝缘子质量有问题、老化使表面憎水性降低。进行绝缘子憎水性试验结果为 HC6 级。

（4）绝缘子爬电距离不满足现场污秽程度的绝缘要求。

三、事故教训及对策

该线路以前没有采用红外热像诊断方法监督绝缘子缺陷。为了寻求全天候、快速的红外技术监督方法，于是聘请红外诊断专家，雾天对该供电区域输电线路绝缘子开展红外诊断。发现部分绝缘子的温差达到 13K，已达到严重缺陷状态，如图 14-2 所示。根据复合绝缘子的温差数据，对绝缘子缺陷定性。并将缺陷绝缘子进行憎水性试验，发现故障绝缘子表面已失去憎水性如图 14-3 所示。通过红外诊断方法成功预测了该供电区域多条线路部分绝缘子故障状态，进行及时检修处理。

（a）局部

（b）全部

图 14-1　线路 81 号杆 A 相复合绝缘子闪络、烧损

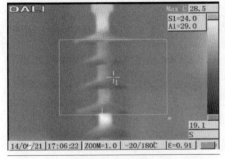

图 14-2　复合绝缘子局部放电红外热像

图 14-3　失去憎水性的复合绝缘子

第二节　变电站绝缘子污闪事故

案例 1　隔离开关支柱绝缘子雨闪事故

一、事故原因

　　2007 年 7 月 18 日 17:55，强雷暴和暴雨天气。500kV 某变电站 I 母双套母线保护动作，跳开 5011、5021、5031、5042 断路器，500kV I 母停电。检查发现 5041-1 隔离开关 C 相绝缘子底部、顶部均压环均有放电痕迹。变电站的 500kV I、II 母线为 3/2 接线方式，故障未造成电量损失。

二、事故分析

　　根据现场故障设备放电痕迹和当时暴雨情况分析，认定为隔离开关 C 相支柱绝缘子雨闪。50411 隔离开关型号为 GW6-550 II DW。（2004 年 9 月 18 日投运至 2007 年 7 月 18 日绝缘子闪络，事故周期 3 年）

三、事故教训及对策

　　（1）强雷暴和暴雨属于自然灾害（不可抗力），特殊地域环境的输变电设备应采取特殊防范措施。

　　（2）根据绝缘子运行及防污闪的特点，应增大绝缘子的爬距，增设绝缘子的大小裙等技术措施进行防范。

　　（3）为预防雷电波沿输电线路侵入变电站设备单元，应在进出线间隔入口处加装金属氧化锌避雷器。加强线路避雷线的运行维护工作。

案例 2　大雪后绝缘子污闪，保护误动事故

一、事故原因

2005 年 2 月 14 日 6：15，某电厂首 224 断路器恢备于 220kV 北母线东段（发电机加励磁，电压升到额定电压），准备并网时，首 224 断路器的均压电容器瓷绝缘子闪络（下雪、春节电压高），造成 B、C 相短路，220kV 东段母差保护动作，220kV 北母东段失压。由于高频方向保护误动，造成电厂对侧断路器跳闸。电厂仅通过Ⅱ首常线一回 220kV 线路与主网联络，线路负荷满载达 380MW，220kV 母线电压高达 250kV。

事故现场发现首 224 断路器 C 相两侧断口均压电容器均有沿面闪络现象，均压电容器上部的均压帽有多处烧灼痕迹，并有烧成的小洞，均压电容器的瓷套均已炸裂，内部油已流出。发现首 224 断路器 B 相与 C 相相邻的均压电容上部的均压帽处有烧伤痕迹。

二、事故分析

某电厂升压站一墙之隔是电厂的煤厂，车辆进出频繁灰尘比较大，首 224 断路器间隔临近墙边积污严重。早晨随着温度的升高，在均压电容器上堆积的雪融化。当 4 号发电机升到额定电压准备并网时，首 224 断路器两侧电压存在相位差，使首 224 断路器两侧的均压电容器承受的电压较高，由于均压电容器表面脏污绝缘下降，造成均压电容器表面闪络击穿。

三、事故教训及对策

加强对污秽绝缘子的防污闪技术监督，定期清扫绝缘子。对污秽瓷绝缘子采取带电水冲洗或涂防污闪涂料。

案例 3 变电站附近 35kV 线路绝缘子污闪事故

一、事故原因

　　2004 年 2 月 20 日 9：22，雾加小雨，某 110kV 变电站 35kV 古化线 633 断路器距离Ⅰ段保护动作跳闸，重合成功。事故查线发现古化线 1 号杆瓷绝缘子闪络。同时古汉变 2 号主变压器重瓦斯保护动作，三侧断路器跳闸，35kV 西母、10kVⅡ段母线失压。9：40 运行人员检查设备无问题后汇报地调，合上 35kV 分段 636 断路器、10kV 分段 672 断路器，由 1 号主变压器转供恢复供电。事故分析查找原因：①从录波图及保护动作情况分析，35kV 出线保护和主变压器保护动作正确。②2 号主变压器跳闸后检查气体继电器内有气体，并可点燃。经色谱试验：乙炔值为 1472（注意值为 5），总烃值为 3194（注意值为 150），氢气值为 2267（注意值为 150）。③该变压器 2001 年 2 月投入运行。2003 年 11 月 5 日，对 2 号主变压器进行了定期预防性试验，无异常。从故障录波图看，当时 35kV 故障电流约 4800A 左右，故障时间为 120ms，2 号主变压器设计抗短路电流为 5580A。④吊罩后发现 C 相线圈周围有烧焦的绝缘纸和熔化的铜颗粒。经会同厂家分析判断为 35kV C 相线圈已损坏。

二、事故分析

　　（1）35kV 古化线 1 号杆瓷绝缘子污秽闪络。该单位未重视 35kV 古化线路的防污闪技术监督和绝缘子运行维护。

　　（2）变电站附近的线路 1 号杆瞬时故障，相当于变压器出口短路（电流大），由于 2 号主变压器 35kV 绕组抗短路能力差，造成中压 C 相线圈内部故障，变压器由生产厂家进行检修。

三、事故教训及对策

　　（1）雨雾等恶劣天气应加强绝缘子设备特殊巡视，可采用红外热成像等技术方法判定设备外绝缘运行状态。

（2）35kV 线路防污闪措施包括：增加绝缘子片数、更换为复合绝缘子，清扫处于污染严重区域的绝缘子设备。

案例 4　绝缘子污闪（红外诊断预警），保护拒动扩大事故

一、事故原因

2006 年 2 月 14 日 6：15，某 500kV 变电站 50211 B 相支柱瓷绝缘子因雾闪接地，故障属母差保护范围，母差保护本应正确动作。但因母差保护回路中备用间隔电流互感器二次电流输入端子封插短接，造成了差动回路短路，使得母差保护拒动。引起保护越级动作，造成 500kV 瓷绝缘子因雾闪母线失压，主变压器停运事故。该 500kV 变电站处于热电厂与化工厂附近，环境污染严重，加上春节市区大规模燃放烟花爆竹，空气中悬浮的铁、镁等金属微粒随风飘附着在绝缘子表面，造成瓷绝缘子的憎水性差，浓雾天气发生了污秽绝缘子雾闪事故。

二、事故分析

事故前 7 天，大雾天气，红外诊断工程师已发现该变电站所有污秽绝缘子的故障特征。红外诊断工程师立即将绝缘子缺陷报告发送主管生产领导。领导很重视，第二天就安排对绝缘子进行全面清扫，包括高处绝缘子采用大型起重机、斗臂车配合清扫。但由于瓷绝缘子的憎水性较差，因为停电范围制约等因素，未达到 100% 清扫，存在死角与漏洞。最终发生了隔离开关瓷绝缘子闪络放电事故。如图 14-4 ~ 图 14-6 所示。

三、事故教训及对策

（1）事故后该变电站对放电烧损的瓷绝缘子进行了更换；对 500kV 母线间隔所有瓷绝缘子喷涂 RTV 防污涂料后，加入运行。

（2）为了获取绝缘子在雨雾天气、污秽运行环境的真实数据，红外诊断工程师在喷涂 RTV 过程采集红外热像，验证雨雾环境绝缘子喷涂 RTV 防污闪涂料的效果，开展喷涂设备与未喷涂设备的效果对比。

（3）吸取事故教训，开展污秽绝缘子基础性科学研究。红外诊断工程师连续 14 年（2006～2019 年）对该变电站喷涂 RTV 瓷绝缘子进行红外热像监督。2019 年 10 月 6 日中雨，红外诊断工程师与变电站值班员对 2006 年喷涂 RTV 的绝缘子进行红外诊断，未发现异常运行现象（14 年正常运行），如图 14-7 所示绝缘子雨中正常运行 2019 红外热像。这是 500kV 绝缘子发生污闪事故后，红外诊断采集的绝缘子防污闪过程完整的数据记录，为判定电网绝缘子运行周期提供了可靠的参考数据。

图 14-4 污秽闪络的绝缘子

图 14-5 大雾中运行的绝缘子

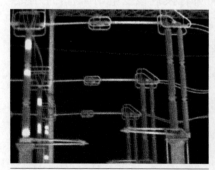

图 14-6 绝缘子异常运行（左侧）红外热像

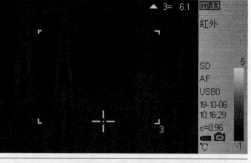

图 14-7 绝缘子雨中正常运行 2019 红外热像

案例 5　污秽瓷绝缘子红外热像的缺陷判据，预防污闪事故

一、未遂事故原因

（1）2012 年 3 月 22 日，雨雾天气红外诊断工程师发现某 110kV 室内变电站 110kV 线路（GIS）穿墙套管瓷绝缘子热区明亮，"温差"超标（11.6K），声音异常，并有间断放电火花，确定为危急缺陷。红外诊断工程师向运维检修部进行缺陷预警，调度员根据缺陷预警处理程序，进行线路负荷转移措施，并安排变电站值班员加强绝缘子运行监督，如图 14-8 所示。晴天停电后，对穿墙套管瓷绝缘子喷涂 RTV 防污闪涂料，此后一直稳定运行（2012 年 3 月～2020 年 6 月）。

（2）2013 年 2 月 17 日，大雾，某 110kV 变电站龙门架悬式瓷绝缘子红外热像异常，（运行电压 113kV，环境温度 -1℃）绝缘子放电区域的热区分布明显，放电噪声大。绝缘子表面温度 24.5℃，正常运行绝缘子 3℃，温差 21.5K。执行《带电设备红外诊断应用规范》（DL/T 664—2008），表 B.1 电压致热型设备缺陷诊断判据（瓷绝缘子温差 1K，为严重缺陷）。将紧急缺陷汇报调度，调整系统电压在低位运行。晴天喷涂 RTV 防污闪涂料，雾天红外诊断复测该绝缘子温差正常。

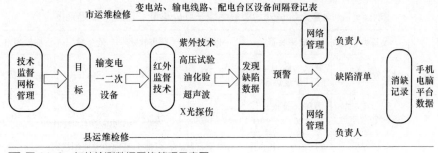

图 14-8　红外检测数据网格管理示意图

二、未遂事故分析

（1）雨雾天气，运行电压较高，绝缘子表面的泄漏电流增大；所以，污

秽绝缘子在雨雾天气的热区缺陷，能通过红外热像表现出来，严重的能听到"呲呲"的放电声，看到放电火花。但是，随着雨停、雾散，绝缘子表面会很快干燥，放电现象变弱，放电做功表现的温度较低，红外热像显示趋于正常。因雨雾天气污秽绝缘子的表面温度较高（与晴天差别大），是发现污秽绝缘子缺陷的重要记忆时段。

（2）雨雾中采集绝缘子异常发热数据，求证了污秽绝缘子闪络的极限温度，补充完善了 DL/T 664—2008《带电设备红外诊断应用规范》绝缘子温差缺陷标准。

三、未遂事故教训及对策

（1）瓷绝缘子憎水性差，是绝缘子污闪的重要原因，也是防污闪的重点环节。

（2）红外诊断不需要停电，在雨雾天气能发现绝缘子的局部放电缺陷，是防止输变电设备污闪事故的好方法，简单易行、快速、准确，该反事故措施应全面推行。

（3）雨雾中污秽绝缘子变化的"温差"数据是判断缺陷的重要依据，见表 14-1。此表"温差"数据固化，对绝缘子运行状态技术监督具有重要现实意义。从判定绝缘子局部放电缺陷到故障预警、状态检修消除缺陷，可以一次性完成绝缘子的运维检修程序。

表 14-1　雨雾天气室外污秽瓷绝缘子红外诊断"温差"缺陷判据

序号	设备类型	故障特征	一般缺陷	严重缺陷	危急缺陷	临界闪络
1	悬式瓷绝缘子	裂纹、破损、污秽，瓷盘热区	1~4K	4~8K	8~12K	12~16K
2	套管、支柱瓷绝缘子	污秽、破损，局部热区	1~4K	4~8K	8~12K	12~16K
备注	（1）0.5~1K 以下为异常运行状态，以此为基础建立原始档案； （2）严重缺陷到现场检查声音、火花、外观照片采样，配合高压试验； （3）危急缺陷应有事故应急预案； （4）支柱绝缘子事故率高，"温差"判据应适当保守，早期消除缺陷					

学习《国家电网公司十八项电网重大反事故措施（2018年修订版）》。"7 防止输变电设备污闪事故"（设计、运行阶段）的要点：

（1）应以现场污秽度为依据，结合运行经验、污湿特征等因素开展污区分布图修订。变电站站址应尽量避让交流 e 级区，如不能避让，变电站宜采用 GIS、HGIS 设备或全户内变电站。

（2）对于饱和等值盐密大于 0.35mg/cm³ 的，应单独校核绝缘配置。

（3）选用合理的绝缘子材质和伞形。中重污区变电站的悬垂串宜采用复合绝缘子。支柱绝缘子、组合电器宜采用硅橡胶外绝缘。

（4）防污闪措施包括增加绝缘子片数、更换防污绝缘子、涂覆防污闪涂料、更换复合绝缘子、加装辅助伞裙等。清扫作为辅助性防污闪措施，可用于污染特殊严重区域的输变电设备。

（5）瓷或玻璃绝缘子需要涂覆防污闪涂料，如采用现场涂覆工艺，应加强施工、验收、现场抽检各环节的管理。

第三节　变电站设备谐振过电压事故

案例1　母线谐振过压，值班员进行抢险操作

一、事故原因

2000年9月4日，某220kV变电站进行倒母线操作，当断开220kV母联断路器后220kV西母发生谐振。220kV西母所有绝缘子出发出蓝色的放电弧光，并产生连续不断的放电声，同时220kV西母TV膨胀器变形冒出。值班员从没见过这种故障现象，束手无策。变电工区主任工程师根据运行经验判断，故障是母线谐振过电压。他立即向地调和省调度员汇报，根据事故处理原则，研究消除母线谐振的技术措施.事故处理必须分秒必争，根据省调度员的命令，需要合上一条220kV线路。但值班员操作时需

要穿越 220kV 西母设备区。执行该操作任务的值班员等三人，将棉质工作服、安全帽、绝缘靴、绝缘手套、雨衣全部穿戴好（防止跨步电压、接触电压、油类火灾），快速进行事故处理。值班员打开、关闭端子箱门，操作隔离开关把手，触摸设备构架必须使用绝缘手套。在一片强烈的放电声音中，值班员在安全用具的辅助下有条不紊地进行操作。在较短的时间完成了该 220kV 线路由解备转运行，220kV 西母谐振也随之消失。在一场紧急事故处理中安全防护用具起到了重要作用。

二、事故分析

（1）发生（谐振）操作过电压的原因：母线谐振是电场能量（电容）和磁场能量（电感）交换值达到最大时的结果。由于母线等设备对地存在分布电容，加上 TV 非线性铁磁元件电感的存在。当系统电压发生扰动时，就会激发谐振过电压。当时变电站未在 TV 一次绕组对地间串接线性或非线性消谐电阻来破坏谐振状态。

（2）公司层面组织调度员，变电站值班员深度学习电网知识，开展反事故演习和事故应急处理培训，关键时刻发挥了群防群治的有效作用。

（3）调度员判断准确，命令果断，值班员思路清晰，运行单位与调度单位及时组织事故处理，步骤及方法正确有成效。

三、事故教训及对策

（1）运维检修部根据电网设备运行参数计算，安装使用消谐装置，防止操作过电压。

（2）值班员、调度员工作中每周进行"事故预想""安全分析"活动并做记录。

（3）落实《国家电网公司十八项电网重大反事故措施（2018 年修订版）》14.4 防止谐振过电压事故。14.4.1 "为防止中性点非直接接地系统发生电磁式电压互感器饱和产生的铁磁谐振过电压可以采取以下措施：①选用励磁特性饱和点较高的，$1.9U_m/\sqrt{3}$ 电压下，铁芯磁通不饱和的电压互感器。②电压互感器（包括系统中的用户站）一次绕组中性点对地间串接线性或非线性消谐电阻、加零序电压互感器或在开口三角绕组加阻尼或其他专门消除此类谐振的装置。"

案例 2　铁磁谐振造成的全厂停电事故

一、事故原因

　　某热电厂 35kV 电气系统发生铁磁谐振，产生谐振过电压，造成 35kV 电缆终端绝缘击穿爆破，最终导致全厂停电。在 6～35kV 中性点不直接接地系统的电压互感器，当具备一定的激发条件时，由于 TV 铁芯电感的磁路饱和作用，容易激发持续的铁磁谐振。如出现突然合闸、单相接地或系统操作产生的过电压等情况。铁磁谐振可以是基波谐振、高次谐波谐振、分次谐波谐振。这种谐振产生的过电压幅值虽然不高，但因过电压频率远低于额定频率，铁芯处于高度饱和状态。其表现形式可能是相对地电压升高、励磁电流过大或以低频摆动引起绝缘闪络，避雷器炸裂，虚接地现象指示。严重时还可能诱发保护误动作或出现过电流引起电压互感器烧坏。

二、事故分析

　　电力系统是由电感、电容和电阻构成的复杂电路，可以组合成一系列具有不同自振频率的振荡回路。在进行断路器操作或出现其他异常时，由于瞬变过程电源波会引起某种变化，非正弦的电源波含有一系列的谐波，当电路中的某一自振频率与电源谐波频率相等时，就会出现这一频率的谐振过电压。

三、事故教训及对策

　　谐振过压是一种稳态现象，持续时间可能很长，会造成严重的后果。因此在中性点不接地系统中，应在每组 TV 的开口三角绕组加阻尼或其他消除谐振的装置，以有效限制弧光接地过电压和消除铁磁谐振。

案例 3　谐振过电压造成 35kV 电缆击穿，停电事故

一、事故原因

2003 年 6 月 1 日，某热电厂 35kV 电气系统发生高次谐波谐振，产生谐振过电压，造成 853 断路器下口 B 相电缆终端击穿爆破，形成相间短路，最终导致全厂停电的重大事故。

二、事故分析

事故调查小组结论：

（1）先前的该电厂"5.31"电网事故发生时，853 断路器瞬间通过较大电流，冲击电缆，使绝缘强度降低。

（2）事故发生前，天气潮湿，阴有小雨并伴有雷电。经调查发现，35kV 热Ⅱ线西灰场转角塔 B 相悬垂的瓷绝缘子有放电痕迹。由于西灰场转角塔周围环境差，绝缘子表面污秽物吸收水分，泄漏电流增加。在电流密度比较大的部位形成了干燥带，干燥带承担较高的电压，将产生辉光放电，继而产生局部电弧，最终形成闪络放电。

（3）35kV 线路闪络放电作为激发条件，引起厂内 35kV 系统电压互感器发生高次谐波谐振，产生谐振过电压，造成 853 断路器下口电缆 B 相最薄弱点处击穿爆破，产生间歇性对地弧光放电。造成发电机及主变压器差动保护动作跳闸，全厂停运。

三、事故教训及对策

（1）35kV 线路瓷绝缘子长期未清扫，是产生闪络放电的直接原因。

（2）运行人员在瓷绝缘子严重放电的状态下，对故障点和故障性质判断失误。特别是对于谐振过电压的知识知之甚少，无防范措施和处理办法。

案例 4　主变压器 110kV 中性点电弧放电事故

一、事故原因

2001 年 3 月 10 日，某 220kV 变电站 2 号主变压器在恢复运行时，222 断路器 B 相未合上，值班员发现"电压回路断线"光字牌亮，主变压器有异常响声。到现场发现 222 断路器 B 相未合上，随即断开 222 断路器。缺相运行造成 2 号主变压器的 110kV 中性点隔离开关处发生电弧放电，使中性点接地开关粘连。在操作时 110kV 中性点隔离开关的绝缘子因操作拉力大而断裂。

二、事故分析

（1）110kV 及以上电力系统一般采用中性点直接接地运行，这样的方式系统内过电压可降低 20%，系统耐压绝缘水平可降低 20%，并可使用分级绝缘变压器；缺点是系统发生单相接地故障时将引起相关断路器跳闸，增加了停电次数。

（2）变电站运行的 110kV 系统正常时，中性点接地开关不平衡电流很小，当 222 断路器 B 相未合上，不平衡电流增大时，造成中性点接地开关粘连而拉不开。

三、事故教训及对策

（1）主变压器的进线断路器 222 断路器 B 相未合上，造成运行中主变压器三相电流不平衡，使 110kV 中性点隔离开关处发生电弧放电。同时，系统运行中 110kV 线路发生单相接地、断线时，也会出现此类状况。

（2）红外热像检测曾发现 220kV 某变电站主变压器的 110kV 中性点隔离开关触头发热。经分析属于系统运行电流不平衡，发生主变压器的 110kV 中性点产生电流现象。由于平时不重视中性点隔离开关的维护检修，造成触头接触不良而发热。220kV 变电站的主变压器 110kV 中性点接地开关触头发热并发生粘连。原因为 110kV 线路耐张杆的弓子线连接处烧断线（悬空未接地），运行中造成三相不平衡电流，应加强输电线路导电回路的红外技术监督。

第十五章

电力误操作事故案例

倒闸操作是指电气设备转变运行状态，变更一次接线的运行方式，或保护、自动装置投退、切换试验等所进行的操作过程。在倒闸操作中违背操作程序发生的错误操作，并引起严重后果的事件称为误操作事故。随着电网系统的扩大，误操作事故的突发性、严重性越来越明显，它是人为因素造成的事故，所以防范难度始终不断增加。

误操作事故多数发生在变电站倒闸操作过程，此外，还有操作程序、操作方法、调度误下令等。发生误操作的主要原因有：操作票错误、不执行监护复诵制度、违反工作票制度、操作时联系不清楚、防误锁缺陷及擅自解锁，总而言之违章作业是导致误操作的根源。

反事故的总体要求为：加强调控、运维和检修人员的防误操作专业培训，严格执行操作票、工作票制度，落实防误操作（监护、复诵、核对编号、复查无误）技术措施，落实各级领导操作到位安全监督责任制，失职追责。变电站值班员标准化作业如图 15-1 ~ 图 15-6 所示。

图 15-1 夜间倒闸操作监护复诵场景

图 15-2 值班员进行标准化倒闸操作

图 15-3 控制室布置的保护校验围栏

图 15-4 恶劣天气操作领导到位监督

↗ 图 15-5　值班员布置检修设备的围栏　　↗ 图 15-6　变电站进行标准化交接班

第一节　带电挂接地线（合地刀）事故

案例 1　防误锁故障，带地线合手车隔离开关事故

一、事故原因

　　2013 年 4 月 12 日，调度下令"某 110kV 变电站 10kV Ⅰ 段母线电压互感器由检修转运行"，变电站值班长接到命令后，监护副值班员进行操作。由于微机防误锁故障（正在报修中），经变电站站长口头同意，值班长用万能钥匙解锁操作。操作过程未按顺序逐项唱票、复诵进行操作，在未拆除手车断路器与后柜 TV 之间的一组接地线的情况下，手合 1015 手车隔离开关，造成带地线合隔离开关，引起 TV 柜内弧光放电，2 号主变压器三侧断路器跳闸，TV 柜及相邻开关柜受损。事故导致损失负荷 33MW，损失电量 41.58 万 kWh，直接经济损失 18 万元。事故后省、市公司成立联合调查组，迅速开展事故调查分析工作。

二、事故分析

　　（1）值班人员操作中不按照操作票步骤逐项操作，随意使用解锁程序，漏拆手车断路器与后柜 TV 之间的一组接地线，是造成事故的直接原因。

（2）值班长没有履职把关，设备送电前，在拆除所有安全措施（接地线）后，未对现场进行全面检查，是造成事故的重要原因。

（3）总工程师和工区领导疏于管理。变电站微机防误锁故障（报修中）应视为设备严重缺陷，处理缺陷应在 24h 内回应变电站站长，存在的相关问题做好记录并做好事故预想。微机防误锁故障应列入操作三级风险状态，该阶段进行设备操作应有现场监护措施。

三、事故教训及对策

（1）违反《安规（变电部分）》5.3.5.3 "高压电气设备都应安装完善的防误操作闭锁装置。防误操作闭锁装置不得随意退出运行，停用防误操作闭锁装置应经设备维护管理单位批准；短时间退出防误操作闭锁装置时，应经变电运维班（站）长或发电厂当班值长批准，并应按程序尽快投入。"针对操作过程防误锁使用存在的不良现象，变电站站长应及时分析问题、解决问题。

（2）变电运行人员安全意识淡薄，不看操作票随意跳项操作，随意解除防误锁装置。接地线登记管理混乱，值班长丧失监护职责。应加强操作票全过程监督，严格执行现场标准化作业。

（3）总工程师及工区主任工程师现场安全管理不到位，防误锁装置有缺陷未追踪检修程序进程。对变电站人员技术水平缺乏摸底考察，未预测无防误锁时的操作风险，及时布置风险预控措施。应加强全员安全技能和变电运行知识培训力度，认真落实公司领导到岗到位的规定。消除防误锁装置缺陷和管理隐患。

（4）主变压器低压侧保护压板接触不良，造成母线故障时主变压器高压后备保护动作，使停电范围扩大，并延迟故障切除事件。应全面开展输变电一、二次设备隐患排查，重点进行保护装置、保护定值、压板状态等专业层面的检查分析工作。

案例 2　违章操作监护不到位，带接地开关合闸事故

一、事故原因

（1）1995 年 5 月 15 日，某热电厂进行 1 号主变压器绝缘试验。值班员巡视时，错将接地线放在了主变压器与南隔离开关的地面上（应放在南隔离开关与北隔离开关之间），成为事故的诱因。当操作人来到错放地线的位置，本应先执行验电操作，却因为未带验电器，监护人没有让他去取验电器。虽然这项工作没做，监护人却在操作票栏内打上对号。操作人误将接地线挂在了南母线与南隔离开关之间的带电引线上。当地线接近 U 相时发生弧光放电，造成 U、V 相短路，母差保护动作，电厂与系统解列。

（2）1993 年 12 月 9 日，220kV 某变电站进行 22 旁路转带 220kV 线路操作，因 22 旁路西隔离开关合不到位，检修班人员来站处理 22 旁路隔离开关缺陷。由于现场安全措施及监护不到位，发生检修人员带接地开关试合 22 旁路西隔离开关事故，造成 220kV 母线失压，油田等重要用户停电。

二、事故分析

（1）监护人忙于设置现场围栏，操作人失去监护，监护人对接地线摆放位置错误未能及时更改。

（2）操作人工作不专心，操作不核对编号，不听监护人指令、误入带电间隔进行错误操作。

（3）值班长违章作业，临时增加工作内容并擅自进行倒闸操作。

三、事故教训及对策

（1）违反《安规（变电部分）》5.3.6.2"现场开始操作前，应先在模拟图（或微机防误装置、微机监控装置）进行核对性模拟预演，无误后，再进行操作。"

（2）接地线的存放、编号登记、现场使用应进行定置管理。操作中应逐项认真核查，发现疑问及时处置、互相提醒。

（3）变电站有操作任务时，站长应进行事前准备工作，对现场安全工器具、人员岗位安排、安全措施布置检查到位。

案例 3　违背操作票程序，带电挂接地线事故

一、事故原因

（1）1991 年 11 月 6 日，某热电厂电运三班进行Ⅰ建徐线停运解备作安措的操作。操作人、监护人没有按顺序操作，不核对编号，不进行验电。误将应挂在Ⅰ建徐南母线上的接地线，挂在运行中的Ⅰ建徐北母线上，造成 110kV 母线对地闪络。110kV 母差保护动作，使系统甩掉负荷 53.5MW。操作人眼、面、手严重灼伤。

（2）2009 年 3 月 9 日，220kV 某变电站操作人、监护人执行吉沙线 13113 断路器由冷备转检修操作任务。操作人对 13113-1 隔离开关断路器侧逐相验电完毕后，准备挂接地线。监护人低头拿接地线去协助操作人，未进行操作票项目的监护复诵制，操作人误将接地线挂向 13113-1 隔离开关母线侧 B 相引流，引起 110kVⅠ母对地放电，造成 110kV 母差保护动作母线失压。

二、事故分析

（1）当班值班员的基本功不扎实，工作注意力不集中，出现操作失误。

（2）现场不具备倒闸操作的基本条件，监护人失去安全职责。

（3）运行人员缺乏技术培训，安全执行力差，违背了变电站设备操作程序。

三、事故教训及对策

（1）变电站填写操作票是值班员的基本功，操作票票面整洁不涂改是基本要求。使用双重编号进行模拟图核对操作项目，是应严格遵循的操作程序。操作人和运维负责人审核签名表达了操作票的严肃性。而误操作事故的当事人未做到这些基本要求，在操作现场不断犯错误。

（2）倒闸操作的基本条件：①一次系统模拟图、设备编号、分合闸指示、明显的标志、设备相色清晰，是值班员应关注的操作技术要点；②值班员进行各项操作应有值班调控人员、运维负责人发布的正式指令，并使用事先审核合格的操作票；③高压电气设备应安装完善的防误操作闭锁装置。

（3）倒闸操作的基本要求：①停送电操作按照断路器和隔离开关的既定顺序进行，禁止带负荷拉合隔离开关；②操作前模拟预演、核对设备编号，操作中监护复诵、逐项操作并打对号、操作完毕进行复查。是值班员应严格遵守的操作技术法则。

（4）事故调查责任处罚：①给予误操作值班员留用察看一年处分；②变电站站长记大过处分，扣罚4000元；③值班长、安全员记过处分，各扣罚2000元；④给予变电工区主任降职处分。变电工区副主任、副书记记过处分，各扣罚4000元。

案例 4　值班员带电合 GIS 设备接地开关

一、事故原因

2003年7月7日，110kV某变电站对扩建的1号主变压器进行带断路器保护传动试验。8:02地调令翠桃T断路器由运行转检修。值班员拉开翠桃T断路器两侧隔离开关，在合翠桃T断路器与线路侧间接地开关时，断开TV二次快速开关，接地开关失去闭锁，误将翠桃T线路侧接地开关合上，造成线路三相短路。4座110kV变电站失压，甩负荷约53MW，损失电量2万kWh。

二、事故分析

（1）值班员技术素质低，不熟悉GIS设备构造和电气联锁原理，错误地断开TV二次快速开关，致使线路侧接地开关失去闭锁。

（2）操作人未认真核对设备名称编号，监护人未能有效把关制止，误将线路侧接地开关合上。

（3）事故扩大的原因：上一级线路保护 TA 极性接错，在线路故障时，方向判断错误，距离保护一段误动作跳闸，造成 4 座 110kV 变电站失压。

三、事故教训及对策

（1）主任工程师负责编写和完善《变电站运行规程》及 GIS 设备操作细则。组织运行人员进行技术培训，强化记忆和专项学习考试。使值班员懂规程、懂原理、知位置、会操作，能判断分析异常。

（2）由于 GIS 设备处于全封闭状态，设备操作时部件动作隐蔽，不能及时发现操作位置及异常现象。因此，断路器、隔离开关、接地开关的编号应正确清晰，分合闸位置标示醒目（操作时注意观察变化），值班员熟悉操作机构分布的位置和作用。

（3）二次快速开关的标示应清晰，禁止类操作项目应在操作细则中说明。运维负责人事先审核操作票时，应进行二次快速开关操作的危险点交底和备注说明。

案例 5　副总工程师违章指挥，造成误操作事故

一、事故原因

1997 年 3 月 6 日 8:00，某电厂发现 6 号机后径向轴承着火，8:20 灭火后，运行副总工程师在主控室安排停机处理渗油，以防再着火。值长安排填操作票时，运行副总工程师急于停机说："操作表演，不要开票"。值班长令检查 202 断路器断开位置，拉开 202 东隔离开关。结果两人跑到 202 西隔离开关处，取下"禁止合闸，有人工作！"的标牌，当合上 202 西隔离开关时，造成带地线合闸（当时二变西母停电清扫，挂有两组地线）。造成母差保护动作，7 条 66kV 线路、三台发电机断路器跳闸。

二、事故分析

（1）运行副总遇事不冷静，凭经验办事，超越管理程序，违章指挥，埋

下事故隐患。

（2）值班长面对违章指挥，不加制止，不认真思考可能产生的不良影响。无票操作造成操作人员思路混乱，失去操作票逐项操作的纠错功能，造成走错间隔误操作事故。

三、事故教训及对策

（1）领导违章指挥是安全生产之大忌。领导应以身作则遵守规程，加强生产现场管理，告知工作岗位的危险因素，规范现场作业人员的行为。

（2）违反《安规（变电部分）》4.5"任何人发现有违反本规程的情况，应立即制止，经纠正后才能恢复作业。各类作业人员有权拒绝违章指挥和强令冒险作业……"。值班长应技术过硬，管理有方，处理现场故障思路清晰。对上级的错误指令提出疑问，迅速果断进行正常程序的操作，回应领导的临时工作安排。

案例6　值班员跳项操作擅自解锁，带接地开关合闸事故

一、事故原因

（1）1996年10月3日，某110kV变电站2号主变压器缺陷处理。17:12地调令"2号主变压器拆除安全措施、恢复备用、加入运行"，值班员填好操作票，在模拟图板上模拟后开始操作。二人为图省事、少跑路，颠倒操作顺序，决定先就近到高压室内执行第15项"拆除102东隔离开关动静触头之间的绝缘隔板"，再到室外执行第14项"拉开同112北地"，结果，操作完第15项却忘了第14项。继续按操作票顺序操作第16项，监护人越位亲自操作，在用防误闭锁钥匙打不开112南隔离开关程序时，不认真思考为什么打不开锁，却擅自使用万能钥匙进行解锁操作。在合112南隔离开关时，发生带接地开关合闸的恶性误操作事故，110kV母差保护动作全站失压。

（2）2003年3月19日，某电厂电气网控值班员进行110kV南母TV检修预试，工作结束后进行操作。操作人走错位置，未核对设备名称，误将南

母接地开关当成南母 TV 隔离开关；监护人没有唱票复核，擅自使用万用钥匙解锁操作，误将接地开关合到带电母线上。事故造成 9 座 110kV 变电站失压，损失负荷约 80MW。造成 7 号联络变压器（240MVA）中压线圈损伤。

二、事故分析

（1）值班员擅自使用万能钥匙进行解锁操作，造成带接地开关合闸的事故。

（2）值班长（监护人）未履行职责，未执行核对编号、唱票复诵等操作制度。

三、事故教训及对策

（1）操作前值班员应根据模拟图进行核对性模拟预演，掌握接地线（接地开关）位置和数量，无误后在进行操作。

（2）操作中监护人应特别关注接地线（接地开关）的位置及信号。操作时核对编号，唱票复诵并有预备操作动作，及时发现操作人的各种失误行为。

（3）某变电站根据职工合理化建议，采用安全色试用接地开关，成功预防事故。例如：2001 年 4 月 6 日夜，某 110kV 变电站进行综合自动化改造，在恢复送电前值班员发现 110kV 母线接地开关不知何时被合上。由于该接地开关动触头杆、操作杆已被漆成黄绿相间的斑马色。即使在夜间也极为醒目。值班员及时发现隐患，避免了带接地开关送电的误操作事故。

案例 7　设备标牌挂错位，造成误合接地开关事故

一、事故原因

1999 年 12 月 18 日，某 220kV 变电站进行 110kV 北母电压互感器操作时，"110kV 北母地"标牌与"110kV 北母 TV 隔离开关"标牌挂错位置，设备安装时接地开关与电压互感器隔离开关又无机械闭锁。值班员用万能钥匙开锁，造成误合 110kV 北母接地开关，110kV 母差保护动作母线失压，人员受惊吓，幸未造成烧伤。

二、事故分析

（1）基建阶段，施工单位、监理单位、运行单位、建设单位管理人员，未认真进行拉合隔离开关，核对设备与设备编号位置是否相符。

（2）运行阶段，变电站站长与值班员巡视设备时，没有认真复查新设备编号，发现存在的设备编号错误问题。

（3）值班员操作中未进行隔离开关的试合动作，判断隔离开关走向，且违章使用万能钥匙操作。

三、事故教训及对策

（1）施工单位电气设备安装完毕后，运行准备工作由变电站站长带人执行。变电站值班员根据变电站一次系统图的设备编号，悬挂设备编号标牌。验收时施工单位、监理单位、运行单位、建设单位管理人员应拉合隔离开关，核对设备与设备编号位置相符。新设备编号标牌悬挂应核对无误后，方可进行设备操作。

（2）变电站安全检查及隐患排查走形式，站长与安全员没有发现设备标牌存在的安全隐患。

（3）值班员操作隔离开关时，应有预备试合闸动作，观察隔离开关触头走向，无误后再快速操作到位。防误锁打不开时，应分析原因（并核对设备编号），不得擅自使用总钥匙。

第二节　带负荷拉（合）隔离开关事故

案例 1　带负荷合隔离开关事故

一、事故原因

（1）2000 年 10 月 20 日，某电厂电气班人员没有检查断路器的分合闸状态，在断路器合闸情况下，把断路器由试验位置向工作位置送的过程中，手车隔离开关触头因拉弧而烧坏，6kV Ⅱ段母线失压。

（2）2000年11月12日，某电厂2号发电机大修后，当值班员进行合上2号发电机出口隔离开关时。由于逆向操作，未检查出口断路器（已合闸）位置，就解除了2甲隔离开关闭锁。在合2甲隔离开关过程中，发生带负荷合隔离开关事故，造成三相弧光短路，冲击气浪将操作人推倒造成轻伤。运行中1号主变压器差动保护动作跳闸。

二、事故分析

（1）工作人员不了解现场设备接线情况，不检查断路器分合闸位置，无人监护随意操作。

（2）重大操作、重要项目的检修工作，相关领导没有进行现场监督把关。

（3）值班员逆向操作，忘记重要操作项目的位置检查，造成误操作事故。

三、事故教训及对策

（1）违反《安规（变电部分）》5.3.5.4 "有值班调控人员、运维负责人发布的正式指令，并使用经事先审核合格的操作票。"操作中值班员未认真执行操作票制度。

（2）违反《安规（变电部分）》倒闸操作的基本条件——5.3.5.3 "高压电气设备应安装完善的防误操作闭锁装置"。

（3）违反《安规（变电部分）》5.3.6.1 "停电拉闸操作应按照断路器（开关）—负荷侧隔离开关（刀闸）—电源侧隔离开关（刀闸）的顺序依次进行，送电合闸操作应与上述相反的顺序进行。禁止带负荷拉合隔离开关（刀闸）。"

（4）各级领导未实行倒闸操作到位监督制度。变电站倒闸操作包括一般操作事项、重要操作事项、程序步骤操作事项、重大步骤操作事项及禁止操作事项。一般操作事项有断合断路器，投退保护压板等；重要操作事项有主变压器的检修与投运等；程序步骤操作事项有倒母线等；重大步骤操作事项有变电站全停检修或联网操作等；禁止操作事项有拉环路均衡电流、中性点消弧线圈在发生系统接地时操作等。根据误操作事故人因特点，领导应实行三个到位，即恶劣天气、重要操作、重要检修工作时，站长和工区工程师到达工作现场岗位。

案例 2　带负荷拉隔离开关事故

一、事故原因

（1）2005 年 11 月 3 日，某 220kV 变电站在调节主变压器分接头操作时，由于操作人员误发界面指令，监护人员严重失职，导致误拉主变压器 220kV 侧开关的误操作事故。暴露如下问题：①微机操作的岗位技能培训不足。值班人员对操作系统的性能、指令、信息不熟悉、不掌握。②界面存在操作按钮和操作对象对应关系不唯一，逻辑关系不清晰。主变压器调接分头操作与主变 220kV 侧开关的操作在同一画面，易造成误选对象。③值班员随意使用系统超级用户权限。

（2）1994 年 11 月 12 日，某变电站值班员进行"1 号主变压器停电"的操作，操作中却跑到 2 号主变 35kV 侧西 406 隔离开关处。未唱票、复诵、核对设备编号，就用 1 号主变压器西 42 单元的钥匙开锁。因走错间隔防误锁打不开，两人没有检查核对设备编号及位置，却错误地将防误锁撬开，带负荷拉开西 406 隔离开关，引起 2 号主变压器差动保护动作跳闸。

（3）1992 年 9 月 25 日，地调值班员下令将 10kV 南母由运行转检修。101 供 10kV 南母经母联 100 隔离开关供 10kV 北母运行。由于值班员找不到南母转检修的典型操作票。填写操作票时就套用了北母转检修的典型操作票。实际操作时，在北母所带两路 10kV 负荷未拉掉以前，就拉 100 母联隔离开关，造成弧光短路，100 北隔离开关瓷体爆炸，10kV 母线失压。

二、事故分析

（1）执行操作票时，值班员未唱票、复诵、核对设备编号。

（2）操作人注意力不集中，错拿间隔钥匙，打不开锁不核对编号，却错误地将防误锁撬开。

（3）值班员的技术素质差，值班人员对微机操作系统的性能、指令、信息不熟悉、不能全面掌握，监护人失职。

（4）断路器具有灭弧功能，可以切断负荷电流和故障电流，隔离开关不具备这样的功能，带负荷拉隔离开关必然造成事故。

三、事故教训及对策

（1）违反《国家电网公司十八项电网重大反事故措施（2018年修订版）》4.1.4"严格执行操作指令。倒闸操作时，应按照操作票顺序逐项进行，严禁跳项、漏项，严禁改变操作顺序。当操作发生疑问时，应立即停止操作并向发令人报告，并禁止单人滞留在操作现场。待发令人确认无误并再行许可后，方可进行操作。严禁擅自更改操作票，严禁随意解除闭锁装置"。

（2）违反《安规（变电部分）》5.3.6.1"停电拉闸操作应按照断路器（开关）至负荷侧隔离开关（刀闸）的顺序依次进行，送电合闸操作应按上述相反的顺序进行。严禁带负荷拉合隔离开关（刀闸）"。隔离开关的作用是在设备检修时，造成明显的断开点，使检修设备与带电设备隔离。隔离开关不能断开负荷电流，没有断路器的灭弧能力。所以，拉合隔离开关前，应先检查断路器的断开位置，然后进行后续操作。

（3）定期组织防误装置技术培训，相关岗位人员做到"四懂三会"（懂防误锁装置的原理、结构、性能、操作程序，会熟练操作、会处理缺陷、会维护）。

（4）事故追责处罚：变电站值班员受到行政记过处分。站长、调度员、工区主任、局长等分别扣发三个月奖金。

第三节　值班员违章操作事故

案例1　值班员使用验电器不当，造成放电事故

一、事故原因

（1）1995年6月10日，某局110kV变电站值班员在高压室10kV出线侧验电时，曾发生10kV验电器端部搭在固定铁遮栏框架上，因验电器端部连有电池、金属探头等导体，在接触10kV高电压时造成验电器端部与遮栏处接地短路。

（2）1997年12月17日，某电厂检修人员对6kV Ⅱ段母线进行清扫和预试。电气副班长进行验电时，不慎将指示器压弯后旋转90°，因金属杆大于断路器相间距离，造成相间短路母线失压。操作人被烧伤，还烧坏一只验电器。经现场测量，高压断路器相间的距离13.5cm，验电器（高压回转GHY—10型）的金属测点至绝缘杆的顶部（外套铜制护环套）长17cm。经试验耐压验电器1.4kV就击穿了。

二、事故分析

（1）值班员使用了不合格的验电器进行验电。领导不重视安全工器具的维护与管理工作。验电器是老产品，设计结构不合理应淘汰。

（2）现场照明灯不亮，影响操作时的视线。

三、事故教训及对策

（1）违反《安规（变电部分）》7.3.2"高压验电应戴绝缘手套。验电器的伸缩式绝缘棒长度应拉足，验电时手应握在手柄处，不得超过护环，人体应与验电设备保持表1中规定的距离。雨雪天气时不得进行室外直接验电。"验

电时应使用相应电压等级且合格的接触式验电器。值班员操作时验电器端部应躲开附近构架。

（2）设备区照明应充足。操作环境狭窄，应做好防止误碰设备的措施并做好监护。

（3）强化运行人员的操作技术和风险辨识能力的培训、考试，提高安全防护效果。

案例 2　汽车异响造成站长误判断、误操作事故

一、事故原因

1985 年 3 月 7 日，某 35kV 变电站站长、副站长均缺乏变电运行知识和实际工作经验。当他们听到高压室方向一声巨响后，（实为马路上一汽车放车厢板的响声）由于过分紧张，把变压器冒出的水蒸气误判为变压器冒烟起火。一值班员从厕所出来后亦未仔细观察分析，他们一起将站内断路器全部断开。实际当时环境温度为 6℃，变压器上层油温为 42℃，造成的"温差"使水蒸气上升，类似冒烟的假象。

二、事故分析

（1）变电站运行人员技术素质差，不能适应变电运行标准化管理要求。遇事未冷静分析，没有注意观察中央信号盘的光字牌信号及电流、电压表计指示。

（2）变电工区对变电站人员岗位安排失误，缺乏技术培训与现场安全监督管理。

三、事故教训及对策

（1）输变电运维安全管理的基本特点，体现在基层、基础、基本功三个方面的能力水平。每个变电站人员的岗位配置，需要不同层次技能水平人员的配合，应合理分配人力资源，做到人尽其才，取长补短。

（2）一个年轻值班员的成长需要经历初级工、中级工、高级工、技师等发展阶段。站长应学习业务、精通技术、善于沟通、勤于管理。电力系统技术培训应提倡理论联系实际、注重基层岗位技术需求的教育方式和学习方法。变电站值班员应加强变电运行技术学习，熟悉设备原理，熟悉事故处理程序，人人成为技术能手。

（3）变电工区主任工程师及时编写补充《变电站运行规程》，明确事故处理原则、突发事件、设备缺陷的应急处置事项，并进行全员培训、考核。

案例 3　值班长错记调度命令误操作

一、事故原因

2004 年 9 月 29 日，某变电站值班长在接受调度命令时，因未及时做好记录并复诵，而是受令之后接听了一个私人电话，再来记录调度命令。结果把调度令"将某线路由冷备用转为检修"，错误记录为"将某线路由冷备用转为运行"。按错误的记录进行倒闸操作，由于故障点未排除而送电，发生弧光短路，使保护再次动作。

二、事故分析

值班长不遵守劳动纪律，不遵守安全管理规定，接受调度员命令时接听其他人的电话，分心后造成记录填写错误，典型违章，教训深刻。

三、事故教训及对策

（1）严格进行标准化工作的要求，加强值班员纪律和执行力的培训（包括军训）。

（2）值班期间应专心监盘，工作中互相关照、互相监督。值班员避免做与工作无关的事情，如干私活、打牌、打游戏、打无关电话、饮酒、私自脱岗外出等。

（3）加强专业技术交流和培训考核。培养、引导运维人员的工作注意力和运行要点记忆能力。克服不良工作障碍，如听错调度命令、误解操作内容、填错操作票及工作票、写错设备编号、看错设备名称等。

第四节　调度员误操作事故

案例 1　交接班马虎，发生误调度事故

一、事故原因

　　1983年9月6日，某线路工区向调度汇报"北路线"工作结束，可以送电。调度员交班时对停送电的检修申请单交代马虎、不清楚（忘记交待9月5日接到新民线、北路线两条10kV线路同时停电的申请单）。新接班的调度员未详细审核停电检修记录，误认为新民线、北路线检修工作已全部结束。于是给变电站下达"新民线"送电的命令，值班员合上新民线断路器时立即跳闸。变电站值班员未查明跳闸原因，就问调度是否再送一次。调度员未详细思考跳闸原因，同意再送一次，结果又跳闸。此时新民线上有19人在工作，由于接地线的接地良好（两次误送电时接地线处冒火，线夹部分烧化），未酿成人身群体触电事故。

二、事故分析

　　（1）调度员工作不认真，技术水平欠缺，工作能力不适应现场安全工作要求。

　　（2）调度所未对调度员进行技术培训、岗位考核，人力资源使用出现管理漏洞。

三、事故教训及对策

　　（1）事故未遂与发生事故，接地线就是救命线，员工的生命安全，依靠

技术措施保障。《国家电网公司十八项电网重大反事故措施（2018年修订版）》4.1.3"加强调控、运维、检修人员的防误操作专业培训，严格执行操作票、工作票（两票）制度，并使"两票"制度标准化，管理规范化"。调度员工作繁忙，牵涉面广，面对电网紧急事件，所发出的每一个指令都关系电力系统安全，责任重大。调度员在接班前的学习准备和熟悉系统状态的预备工作很重要。调度所的领导应主动管理，补齐短板。每天到班里了解系统操作情况、人员素质、存在的问题。

（2）事故后，调度所对所有调度员进行技术培训考核，事故处理及安全分析会上，对当值调度员进行教育批评及事故调查处罚。

（3）电网设备组成一个复杂的系统（负责发电出力、供电负荷平衡、安全稳定、电能质量、经济运行、故障处理等），各项协调工作需要依据《调度规程》，电网安全生产必须在调度员统一调度、指挥下进行。

案例2　调度同时下达三个命令，造成操作失误触电事故

一、事故原因

1985年4月1日，调度同时下达了三项操作任务：某110kV变电站316线路由运行转检修；345断路器由备用转检修；2号主变压器由运行转检修。在进行316主进断路器转检修操作，进行到验电并挂地线时。站长（监护人）独自一人用钥匙打开316隔离开关网门，用漆在墙上写编号。因2号主变压器尚未停电，316-5隔离开关动触头带电，站长触电死亡。

二、事故分析

（1）调度同时下达了三项操作任务，使值班员操作顺序混乱，造成值班员用两张操作票完成一个操作任务。

（2）站长工作没重点，缺乏计划性，操作中未集中精力进行监护操作，

却去做与设备操作无关的事情，违章打开网门造成触电。

三、事故教训及对策

（1）调度员不分设备操作的主次关系和先后顺序，同时下达三个操作命令，属于不规范技术行为，让变电站值班员无所适从。违反《安规（变电部分）》5.3.1 "倒闸操作应根据值班调控人员或运维负责人的指令，受令人复诵无误后执行。发布指令应准确、清晰，使用规范的调度术语和设备双重名称"。

（2）严肃调度纪律，加大对违反调度纪律行为的考核力度。事故后调度所组织人员学习《省级电网调度规程》及相关管理规定，并进行严格考试。例如：1992 年 2 月 29 日，某电业局由于误调度造成一起带地线合闸事故，地调值班员不向调度所领导汇报，反而修改值班命令记录，企图隐瞒事故。事故调查后对该人员进行严肃处理。

（3）变电站值班员对调度员违章指挥现象没有提出异议，没有进行制止。应规范变电站值班记录的填写，操作票的填写、审核，落实监护复诵制度的执行到位。

案例 3　调度员下令误投保护压板，农民刨树造成母线失压事故

一、事故原因

1992 年 9 月 15 日，某 220kV 变电站 110 母联断路器检修，11 旁路作母联运行，按调度规程规定，应将 110kV 母差保护退出，但调度员却忽视此内容，下令投入母差保护。下一级的变电站 110kV 一线路，因农民刨树倒在线路上，从而启动 110kV 母差保护定值，造成 110kV 母线失压。当时 220kV 变电站值班员未提醒调度员退出 110kV 母差保护压板。

二、事故分析

调度员对该变电站的 110kV 母差保护投入、退出程序及工作原理心中无

数，造成技术操作失误。

三、事故教训及对策

（1）变电站保护屏的硬压板应有清晰的位置作用编号。根据调度保护定值整定通知单内容，进行定期检查核对。

（2）微机保护设计的软压板（在电脑程序文档空间，外部巡视时看不见）应按照调度指令投退，并进行定期上机检查核对。

（3）变电站值班员、调度员对变电站安全运行负有重大安全责任。应苦练基本功，熟悉背记各变电站的一次系统图和二次回路接线原理和部分二次压板元件的特殊功能。

第五节　检修人员误操作事故

案例 1　变压器套管电流互感器二次侧端子误操作事故

一、事故原因

某 220kV 变电站保护班人员执行一项复杂操作任务：将 2 号主变压器差动保护电流端子由断路器侧 TA 倒套管 TA，如图 15-7、图 15-8 所示。操作人员不清楚"将 2 号主变压器差动保护 110kV 侧 TA 回路端子，由断路器侧 TA 改套管 TA"的具体操作方法和运行原理。在将套管 TA 端子引入差动保护电流回路后，未将断路器侧 TA 端子退出差动保护电流回路，就投入差动保护出口压板，引发了电气误操作事故。

二、事故分析

（1）将 2 号主变压器差动保护跳闸出口压板两侧测电压，由于万用表表笔连线接触不良，未测出 2 号主变压器差动保护跳闸出口压板两端有

220V 电压。

（2）在将套管 TA 端子引入差动保护电流回路后，未将断路器侧 TA 端子退出差动保护电流回路，就投入 2 号主变压器差动保护跳闸出口压板。

（3）在断路器侧 TA 与套管 TA 端都投入的情况下，使差动保护回路有差流（2 倍电流值），使回路电流失去平衡，2 号主变压器差动保护动作（三侧断路器误跳闸）。

三、事故教训及对策

（1）违反《国家电网有限公司十八项电网重大反事故措施（2018 年修订版）》4.1.8 "继电保护、二次设备操作，应制订正确操作方法和防误操作措施。不得擅自修改继电保护、安全自动装置定值，定值调整后检修、运维人员应确认签字"。在作业前检修工区主任工程师未编制二次回路作业书，未采取防误操作的技术措施。

（2）保护班人员对主变压器差动保护跳闸出口压板的作用和操作风险预判不足。使用测量工具不可靠，技术水平不满足复杂状态的工作要求。由于保护人员（学历高、有职称）岗位变换较大。使熟悉设备、有经验的人员脱离技术性强的岗位，去竞争科室的管理岗位，造成技术人才流失。应加强继电保护人员的技术培训，并采取岗位薪酬向关键岗位倾斜的措施，保持继电保护专业队伍的稳定。

↗ 图 15-7 主变压器套管 TA 回路转换端子照片

↗ 图 15-8 主变压器运行及套管 TA 照片

案例 2　保护三误（误碰、误整定、误接线）事故

一、事故原因

（1）2007 年 4 月 12 日，某高压供电公司管辖的 220kV 开闭所站，在扩建施工中由于施工单位施工人员误碰二次设备，造成一起 220kV-4-5 母线全停事故。调查分析为施工人员误碰 2246 测控屏二次回路，造成继电器误动。使 2246-4-5-6 误合，造成带接地开关合入，引发 220kV-4-5 母线相继故障跳闸。

（2）2018 年 8 月 7 日，某 330kV 变电站因 2111 母联断路器保护启动失灵回路接线错误，导致 110kV 铁率线路发生故障时误启动母差失灵保护，造成 110kV Ⅰ、Ⅱ母线跳闸，损失负荷 3.4 万 kW。

（3）1996 年 5 月 28 日，某发电厂高压试验人员在开关试验中，误将交流电源接入直流回路，造成 2 条 500kV 线路跳闸，2 回 220kV 线路过载超限，发生系统振荡频率下降，造成京津唐电网事故限电 70 万 kW。

二、事故分析

（1）工作负责人业务技能差，造成二次回路的接线错误；工作人员安全意识淡薄，造成误碰运行中的二次设备。

（2）暴露出公司对二次专业管理多方面存在薄弱环节和工作漏洞。

三、事故教训及对策

（1）违反《国家电网有限公司十八项电网重大反事故措施（2018 年修订版）》5.3.1.10 "变电站内端子箱、机构箱、智能控制柜等屏柜内的交直流接线，不应接在同一段端子排上。" 致使工作人员误将交流电源接入直流回路，造成 500kV 线路跳闸事故。

（2）变电站扩建施工进入继电保护室，应办理第二种工作票，并做好围栏、悬挂标示牌等安全措施。工作票许可人应向施工负责人交代注意事项，施工负责人应在现场监护，防止误碰二次设备。

案例 3　人员过失，造成设备跳闸事故

一、事故原因

（1）2000 年 5 月 31 日，应检修人员的要求（接地线接触不良），值班员调整柳花 1 与柳花 1 南之间的 A 相接地线，操作人员用力不当身体失去平衡，加之接地线过重（截面 35mm^2），使接地线向柳花 1 南隔离开关 A 相母线侧倾斜，带电部位对接地线放电，柳 110kV 母差保护动作跳闸，造成 110kV 母线失压，6 座 110kV 变电站停电。

（2）2007 年 4 月 10 日，220kV 某变电站（220kV 母线为高层布置），外委施工队在上层操作平台更换 220kV 隔离开关过程中，摆放的电焊机电源线（380V）下垂与运行的 201 断路器与 2011 隔离开关之间的 A 相引流线间放电，造成全站失压。

（3）1999 年 7 月 21 日，某热电厂检修人员使用接触器将 2212-5 隔离开关断开，这样 2212-4 隔离开关的闭锁被解除。当保护班人员再次捅 2212-4 隔离开关接触器时，造成带地线合隔离开关事故。

二、事故分析

（1）外委施工人员素质低，现场管理混乱。

（2）工作票签发人明知近电作业存在风险，却未交代应采取专人安全监督措施和防止工具、电缆等坠落的措施。

（3）检修人员擅自操作隔离开关接触器，工作负责人监护不到位。

三、事故教训及对策

（1）违反《安规（电网建设部分）》4.1.13 "高处作业所用的工具和材料应放在工具袋内或用绳索捆在牢固的构件上，较大的工具应系保险绳。上下传递物件应使用绳索，不得抛掷。" 8.2.1.1 "临近带电体作业时，施工全过程应设专人监护。"

（2）严格按照标准化作业指导书要求，加强施工工程的安全监督，从源头上消除安全隐患。

案例4　隔离开关质量不良，操作中设备损坏事故

一、事故原因

（1）2004年8月24日，某变电站2号主变压器转冷备用操作，手控电动拉开27022隔离开关时，电机转动戛然停止，发出卡涩的声响。值班员检查机构时，隔离开关静、动触头突然分离，引起静、动触头近距离拉弧放电，造成静触头触指烧伤多处，垂直连杆上部出现裂痕。

（2）2004年10月27日，某220kV变电站纵陇线2730断路器由运行转检修。在电动拉开27303隔离开关时行程刚过半，垂直传动连杆万向接头顶部突然断裂，隔离开关动静触头分离过程中突然停止，出现近距离的严重拉弧现象。

二、事故分析

（1）该供电公司接连发生设备烧损事故。属于典型的家族性设备质量事件，隔离开关连杆扭裂的部位基本相同（1993年制造的GW7型隔离开关），220kV变电站共有25组GW7—220型户外隔离开关。

（2）通过对隔离开关解体大修分析发现问题：①月牙板之间闭锁。接地开关回零过程中，操作人员为了强迫拉回不同步到位的接地开关三相触臂，手把摇转圈数过幅，导致接地开关与隔离开关机械闭锁的月牙板之间发生咬合，相互闭锁。隔离开关合闸过程中，电机电动力产生旋转扭拒导致隔离开关垂直连杆扭裂。②垂直连杆与构架槽钢发生直接摩擦。垂直连杆万向接头紧贴槽钢支座，导致隔离开关垂直连杆万向接头处扭裂，属安装缺陷。③隔离开关与接地开关月牙板间发生直接摩擦，由于接地开关被闭锁，导致隔离开关垂直连杆受力扭裂，属设计缺陷。④电动按钮操作失灵，强迫合交流接

触器操作，隔离开关已经回零到位，由于手控交流接触器通电返回不及时，引起连杆转动角过大。⑤由于隔离开关触头插入过深，出现分离困难。⑥隔离开关支柱绝缘子底座内轴承处干涩，严重锈蚀，运转阻力加大，产生较大的扭矩。⑦从被扭裂的材料分析，部分连杆使用的是普通型镀锌钢管，没有采用热镀锌钢管，且管壁较薄。周边化工厂的环境污染加快了垂直连杆锈蚀速度，强度大幅降低。⑧各传动部位均存在不同程度生锈现象，有的几乎锈死。⑨检修和维护不到位，检修工艺差，验收把关不严，如操作机构主轴与转动臂检修安装时不垂直，加大了转动过程的扭矩。

三、事故教训及对策

（1）强化设备质量全过程管理，加强设备选型、招标、建造、安装、运行、维护全过程质量控制和监督。对设备质量问题进行全过程追责，严把入网质量关，防止设备"带病入网"及家族缺陷。

（2）加强设备运维管理，执行设备巡检有关规定，排查治理设备缺陷隐患，不断提升状态监测发现缺陷的能力。

（3）隔离开关改进措施：①对隔离开关外表进行防锈处理，在活动部位涂抹黄油和润滑剂，更换受损部件和锈蚀螺钉。②对垂直连杆采用硬质热镀锌钢管材料，加长机构支架安装臂。调整隔离开关与接地开关月牙板机械闭锁位置与支座槽钢之间的距离，避免发生直接摩擦。③接地开关回零后，值班员应检查隔离开关和接地开关机械闭锁的位置。④确保按钮操作及机构限位接点接触良好，防止动触头插入过深或过浅。

案例 5　误将蓄电池组退出，造成网络通信设备死机

一、事故原因

2009年2月24日，某水电工程局和蓄电池厂家，执行某变电站2号通信蓄电池组消缺和充放电试验任务，误将两套蓄电池组同时退出运行。

20:27 变电站 10kV 站用电线路遭雷击跳闸，站用电失电，变电站全部通信业务中断，给电网的安全运行造成严重威胁。

二、事故分析

由于基建单位施工阶段将 1、2 号通信蓄电池屏柜设备标示牌贴反；导致检修人员误将 1 号通信蓄电池组熔断器当成 2 号蓄电池组熔断器断开，随后又将 2 号蓄电池组与通信电源屏的连线解开，造成两组蓄电池同时退出运行。

三、事故教训及对策

（1）各种设备的编号是运行维护和正确操作的依据。变电站各种设备编号的粘贴书写必须清晰正确。粘贴设备编号的标牌应放在醒目与合适的位置，便于操作中识别操作对象。设备编号的粘贴书写应由熟悉设备的运行值班负责人监督执行，粘贴完毕应复核正确性。设备编号应使用中文正楷简化字，外文说明及设备编号等应翻译成中文，避免现场操作时引起误解，例如英文的 off（关闭）、on（打开）等。

（2）运行维护单位未对基建移交的资料进行认真核查，变电站值班员未发现运行蓄电池组的编号错误。暴露出在基建验收和运行维护工作中存在的问题。

（3）检修工作现场操作不规范，通信单位工作负责人没有全过程监护检查。

第六节 管理不善设备误跳闸事故

案例 1 民工违章作业，现场管理不善造成短路事故

一、事故原因

（1）1985 年 3 月 30 日，某 110kV 变电站值班员启动水泵，用水管冲洗拖把。一节软塑料管与一节硬橡胶管用铁丝捆绑连接，置于 35kV 设备

区排水沟内，洗完拖把忘记停水泵。由于时间长两节水管被冲开，水柱受水泥盖板阻挡向上喷射至351断路器两侧，造成351断路器过流保护动作跳闸，35kV母线失压，四条35kV线路停电。

（2）1994年4月8日，某变电站3号主变压器差动保护动作跳闸。检查发现3号主变压器10kV母线桥上搭有一旧拖把造成短路。系民工施工时，将拖把从窗口扔到外面高压室房顶，因大风拖把从房顶掉下来，落在母线桥上造成短路。

（3）2002年12月11日，220kV某变电站进行220kV隔离开关绝缘子涂防污RTV涂料，粘贴伞裙工作。天气寒冷有雾，绝缘子上结霜湿度大。工作人员用电吹风机吹干绝缘子表面再进行喷涂。工作结束后，将电吹风机从高处递下，地面监护人在移动监护位置时，脚下绊到吹风机的电源线上。电源线从构架上甩下，搭在220kV母线隔离开关的均压环上造成放电，220kV母差保护动作，致使变电站停电。事故造成热电厂新厂2台、老厂5台机组低周切机，影响出力440MW。220kV、110kV升压站全停电，3座110kV变电站停电，共损失负荷150MW。

二、事故分析

（1）变电站值班员对设备巡视不到位，恶劣天气没有进行重点部位的巡查。

（2）变电工区日常安全监督不力，设备区工具设施的使用及管理混乱，局部出现差错和安全管理漏洞。

（3）变电站站长不能进行全方位检查和安全控制，及时发现问题，消除事故隐患。

三、事故教训及对策

（1）变电站设备区内种草浇花、基建用水，应使用固定管道，水龙头安装时应远离高压设备。

（2）值班员应严格控制进变电站的人员和车辆（曾发生汽油三轮摩托车

在变电站设备区自燃事件)。从事各种工作的人员必须办理工作票,履行工作许可手续,并有专职监护人。

(3)提升值班员的素质与纪律性、站长落实制度的管理能力、现场监护人的执行力与责任心。

案例 2　设备区抛掷导线造成设备短路事故

一、事故原因

(1)1986 年 1 月 24 日,某电厂配电班工人做晾衣架,班长带领三人开电瓶车进变电站(未办工作许可手续),想把铁丝拉直。因铁丝承受过载拉力,突然被电瓶车拉断,弹到 5 号主变压器 110kV 出口侧穿墙套管 A 相引线上,使 5 号主变压器跳闸,7 号机被迫停运。50m 长的铁丝大部烧断熔化,只剩下 7.5m。事故中断了该厂 646 天的安全记录。

(2)1994 年 1 月 16 日,某电厂因检修人员严重违章,在做保护试验后抛掷导线,引起 35kV Ⅰ段母线短路,造成全厂停电的重大事故。

二、事故分析

(1)班长带头违章,违反劳动纪律工作中干私活。操作人未考虑变压器下拉铁丝存在的危险因素,冒险作业。

(2)检修人员近电作业,不能规范安全作业行为,在高压设备区抛掷导线。

(3)电厂领导对安全生产管理粗放,劳动纪律松弛,制度挂在墙上、说在嘴上,不能有效落实到现场。

三、事故教训及对策

(1)变电站设备区大门正常情况应闭锁,应有门禁装置,防止无关人员进入。

（2）设备区应有车辆限速、防火、"高压危险，禁止攀登！"等安全标示。

（3）进入设备区人员必须办理工作票及履行登记手续。严禁无关人员进入变电站。

案例3　精神病人窜入变电站，带负荷拉隔离开关

一、事故原因

1995年某变电站，一个精神病人窜入设备区，因10kV高压室大门未锁，造成带负荷拉隔离开关，主变压器差动保护误动跳闸事故。

二、事故分析

变电站大门未及时闭锁，造成精神病人及外人随意出入。

三、事故教训及对策

（1）加强变电站门卫工作管理，进入变电站的工作人员，进出应随时关门。

（2）发挥变电站图像监控的监督和报警作用，发现高压设备区异常现象和管理漏洞，相关管理人员及时做出快速反应。

案例4　工作人员随身物管理不善发生事故

电力设备安装、检修维护与试验中，不可忽视对施工人员随身物全员、全方位、全过程的安全管理。如手机、手表、项链、戒指、金属发夹、工具等。施工过程中，安全监督者在注重安全工器具、防人身伤害、保设备安全时，往往忽视了对施工人员随身物的管理。由此存在的管理短板，可能造成

返工、设备损坏、人身伤害等。

一、事故原因

（1）在某扩建变电站施工安装过程中，一施工人员误入带电间隔，身上多处被电弧灼伤。其中因左手戴着金属链的手表，而造成戴手表的手腕整圈严重烧伤，并伤及手腕的神经和肌腱，导致手指活动迟缓不灵活，留下难以修复的伤疤。

（2）某新建变电站进行主变压器附件高压套管安装时，一施工人员弯腰去拿主变压器本体内高压引线时，不慎将装在上衣口袋的手机掉入主变压器本体油箱内。侥幸的是，手机掉到了主变压器本体内绕组上端的平板上，伸手可取出。如果手机掉到油箱底部，就需要吊罩才可取出，或手机掉入绕组线圈夹缝中，可能还得退回厂家解体才可取出。

（3）某变电站在扩建间隔施工过程中，施工人员登高作业时，扳手不慎脱落，砸坏了正下方的一个隔离开关支柱绝缘子。重新到厂家订购，影响了施工进度，增加了工程费用。

二、事故分析

从以上三个事件看到，设备检修维护工地的随身物管理虽然看起来是小事情，但稍有不慎，小物件也可能起到破坏作用，因此，对于施工工具及随身物品的严格管理十分重要。

三、事故教训及对策

随身物管理的重点如下：

（1）全员安全监督管理。对随身物不能因为其体积小、不起眼而忽视管理，应针对不同职工的不同佩戴习惯进行针对性教育，恰当处理。

（2）全方位安全监督管理。工作开始前，工作负责人应对职工头上戴金属发夹、耳环、项链、手指上戴的戒指、手腕上戴的金属类手表，口袋中装的物品（手机、香烟、打火机、钱包、钥匙、硬币）进行清理。例如：

工作现场应严格对手机进行管控。2010年6月一工作人员对10kV8号杆进行带电作业，当他正要断开A相引线时手机响了。他摘下一只绝缘手套接电话后，忘记重新戴上便开始工作，在断引线时身体不慎碰到横担触电死亡。

（3）全过程监督管理。从开工到完工对随身物的提取、使用、回收，应逐件认真对待、样样有监管、时时有提醒。

第十六章

安全用具使用不当事故案例

安全用具是防止人身触电、电弧灼伤、高处坠落、摔跌等意外事故，保障工作人员安全的专用工具和器具。电气安全用具可分为绝缘安全用具和一般防护安全用具两大类。安全帽、安全带、安全遮栏、梯子类、安全标示牌等属于一般防护用具，防止高处坠落、高温侵袭、物体打击、机械伤害，提醒及限制进入危险区域的人员免遭意外伤害。绝缘靴、绝缘手套、绝缘垫、绝缘棒、绝缘隔板、绝缘梯等属于绝缘安全防护用具，防止接触电压、跨步电压、泄漏电流、电弧对运维检修等人员的伤害。

输变电设备运维检修工程中，安全用具的使用，每时每刻对作业者都起着重要的防护作用。例如：某 220kV 变电站值班员、站长、主任工程师在处理 220kV 母线谐振过电压的过程，使用电气安全用具和个人安全防护（工作服、安全帽、绝缘手套、绝缘靴、护目镜、雨衣等）参加处理谐振过电压事故抢险。他们进入 220kV 设备放电的区域后，面对 220kV 母线等设备绝缘子严重放电（220kV 母线 TV 上端膨胀器已爆出）状态，从容应对。凡是触摸端子箱门把手、隔离开关操作把手等都有安全防护，在防止跨步电压、接触电压等意外伤害方面起到了重要作用，成功送上一条 220kV 线路，正确处理了母线谐振过电压事故。

第一节　安全帽使用不当事故

案例 1　不戴安全帽，高处坠物体打击事故

一、事故原因

（1）2010 年 8 月 6 日，某变电站土建施工人员进行断路器基础施工，3 人在沟槽（长 12m、宽 4m、深 3m）内作业。沟槽上方的堆土受到挖土机的震动滑落至沟槽内，一块约 20cm 见方的泥块砸中王某的头部（24 岁）后倒地。王某没按规定系好安全帽带扣，而是随手将帽子搭在头上。头上

的安全帽脱落，造成头部出血，在送往医院途中死亡。

（2）1997年9月5日，某水电厂值班员在巡回检查中未戴好安全帽，主变压器室顶部的瓷砖和水泥混合物，从18m高处突然坠落，击中头部，送医院抢救无效死亡，如图16-1所示。

图 16-1　未戴好安全帽被坠物打击示意图

图 16-2　戴好安全帽免受重物伤害示意图

二、事故分析

高处作业包括高处安装、维护检修、拆除作业等。高处作业安全防护的要点是正确佩戴安全帽和安全带。

（1）参建人员忽视安全帽的作用且未正确使用。基坑内作业因为天热不将安全帽带扣系牢，养成习惯性违章。

（2）主变压器室顶部的瓷砖坠落，属于变电站运行维护工作差错。变电站站长平时应对变电站房屋是否漏雨、墙面有无裂纹、脱落等认真检查，有问题应记录汇报，并设置围栏进行安全警告。

三、事故教训及对策

（1）违反《安规（变电部分）》4.3.3"进入作业现场应正确佩戴安全帽，现场作业人员应穿长袖工作服、绝缘鞋。"任何人进入生产现场，必须戴安全帽，并扎紧系好下颚带。

（2）变电站新建生产房建筑物转序验收，应按照规定逐项进行，发现问题及时处理，不能给运行阶段遗留事故隐患。

（3）断路器基础施工监理项目部管理不善，基坑的基坡坡度，堆土距离不符合施工方案要求。监理工程师未及时通知施工方纠正，作业人员未被告知工作岗位存在的危险因素（安全帽佩戴）。

案例2　正确佩戴安全帽，避免坠物打击事故的案例

一、未遂事故原因

（1）某送电工区进行110kV线路杆塔部件更换检修，检修人员休息时，未将紧线用的扳手工具放好。扳手突然从杆塔上掉下来，正巧落在一工人头上，安全帽被砸的咚咚响。由于安全帽的保护，避免了一次人身伤亡事故，如图16-2所示。

（2）某送电工区进行35kV线路杆加高戴帽工作。将杆帽吊到杆顶后，固定于杆尖的螺钉孔内用穿心螺钉进行加固，不慎将撬杠从16m的高空直落杆下，正好砸在杆下拉绳子的工人头上。撬杠将安全帽砸了一个长19cm、宽4cm的大洞，帽檐也被砸掉一块。该工人几乎被砸倒在地，如果不是安全帽保护，后果不堪设想。

二、未遂事故分析

（1）撬杠坠落反映送电工区领导对施工过程的安全管理不善，制度挂在墙上形同虚设，防止高处坠落和高处坠物措施不落实。

（2）个人正确佩戴安全帽，避免高空坠物对头部的伤害。作业点安全防护到位，工人着装符合现场管理要求，安全培训的效果良好，个体防范意外风险能力增强。

三、未遂事故教训及对策

（1）针对工地发生的未遂事故，送电公司出台各项安全规定；禁止将工具和材料上下传递，应将工具袋用绳索拴牢传递。工地下面应有围栏及安全

标志，不准无关人员在工地下面通行、逗留。

（2）为了防止工具及器材高空掉落，应采取有效隔离措施，施工人员戴好安全帽。

（3）公司进行安全检查，严格要求。发现不戴安全帽者，每次罚款50元，帽壳连体、帽带损坏罚款50元。2人不戴安全帽，罚班长200元，并停止班长工作。

（4）安全帽是防止冲击物伤害头部的防护用品，一项合格的安全帽要经过冲击吸收性能试验，经过耐穿刺性能试验，所以能抗击高空坠物等风险。始终戴安全帽工作的好习惯，关键时能起到保护生命的作用。

（5）根据事故案例研究，发现当事人不戴安全帽的心理特征：有些人夏天怕热不戴安全帽，有些人怕重不戴安全帽，在工作中多嫌安全帽碍事经常摘下来，结果造成意外伤害。

第二节 工作服使用不当事故

电力工作服由棉质纤维编织的布料制作，编织细密有强度，穿着时具有吸湿、透气、舒适性、防静电、阻燃等优良特性。棉质工作服可以阻挡短暂的高温火源，起到表面阻燃作用，以避免皮肤烧伤。化学纤维的衣服在遇到火源时，会起到助燃的作用，使高温化学原料粘着在人的皮肤上，对当事人造成更大的伤害。

案例1 工作服防止事故现场人员烧伤

一、事故原因

1992年9月4日，检修一班在某变电站6号断路器间隔进行检修，6号南隔离开关自动落下合闸造成短路（拉杆下端的螺栓脱落），事故产生的弧光将6号开关柜内（装有接地线）工作的两人手部、面部灼伤。

二、事故分析

当时检修人员身穿工作服、头戴安全帽，身体重要部位得到保护，安全用具保护了工作人员的安全。

三、事故教训及对策

（1）违反《安规（变电部分）》4.3.4 "进入作业现场应正确佩戴安全帽，现场作业人员应穿全棉长袖工作服、绝缘鞋"。

（2）在夏季，施工现场作业人员都有怕热和想凉快的心里，部分人穿短袖衣服，有的人工作服不系扣子、卷起袖子、工作服搭在肩膀，甚至有人光着膀子拿工作服做扇子，这些现象都是侥幸心理作遂和习惯性违章的表现。

案例 2 工作服扣子未系好，造成检修工触电烧伤事故

一、事故原因

（1）夏季，某检修工在配电变压器台区作业，由于天气热检修工敞开胸怀干活。工作中不慎造成配电箱低压回路短路，由于他的工作服扣子未系好，局部未起保护作用，造成面部、胸部烧伤，累累疤痕留下事故伤害的永久记忆，如图 16-3 所示。

（2）1980 年 6 月 27 日，某电厂焊工站在灰水中焊接管道，工作时工作服上边两扣子未扣，穿着凉鞋站在灰水里。因工作地点狭窄，焊把前端金属部分触及焊工的胸部，造成触电死亡，如图 16-4 所示。

（3）1998 年 8 月 23 日，天气炎热，某变电站一检修人员，打开110kV 设备区动力配电箱，站在绝缘垫上带电检查接线时，工作服裤角卷到膝盖以上，左手扶动力配电箱门，用右手持工具进行带电检查。右腿膝盖不慎误碰带电螺钉，形成从右腿膝盖到左手的电流回路。此时，触电者因痉挛不能摆脱电源。监护人迅速切断电源后，触电者倒下，其瞳孔放大，已无脉搏，大小便失禁，呼吸微弱。在现场立即用胸外心脏按压法进行抢救。20min 后复苏，转危为安。

图 16-3 工作服扣子未系
好烧伤示意图

图 16-4 焊接管道胸部触
电示意图

二、事故分析

（1）工作人员安全防范意识差，因气温高，忽视现场存在的风险。穿工作服不规范，将身体重要部位暴露于危险环境。

（2）工作负责人及现场的安全员未能有效进行监督，纠正违章行为。

三、事故教训及对策

（1）事故后配电工区进行应急演练与安全培训，检查人员着装是否正规是其中一项内容。

（2）工区领导应重视安全细节检查，对部分人工作服不系扣子、卷起袖子进行严肃批评，并进行工作服防火原理讲解。

（3）棉质布料防火，是因为棉花物质为多孔的管状纤维结构，在管腔内含有空气，不管如何挤压打包，纤维孔隙中的空气不易排出。棉线的棉包结构在着火后，先在表面燃烧。当棉包表层燃烧的棉花纤维结成一层碳膜后，纤维孔隙便逐渐减少，而由纤维孔隙中所含的空气使之向包内逐渐侵入，阻塞了火焰向外表蔓延的空间。棉花纤维的这一特性，可短暂地阻挡高温火源继续蔓延。

第三节 安全带使用不当事故

安全带由织带、绳索、金属配件等组成，安全带是高处作业人员因意外失误、身体亚健康、踏空坠落等原因失足，预防发生高坠事故的安全用具。

案例 1　作业现场不系安全带失去保护，高处坠落事故

一、事故原因

（1）1992年4月，一检修工在某变电站检修隔离开关，工作中未系安全带，不慎从金属脚手架上摔至水泥地面，由于头部着地，安全帽未系好带子失去保护作用，头部受伤抢救无效死亡。

（2）2005年7月12日，某输电工区带电三班一名工人（24岁），在35kV盐达线进行悬挂杆号牌工作时（未系安全带），从3m高处坠落至地面，造成颈椎（第六节）粉碎性骨折。

（3）某高压试验班在220kV某变电站进行220kV 1号主变压器的高压试验。工作负责人未戴安全带，爬上套管（距地面3.4m）拆引线接头上的螺钉，由于用力过大，脚下打滑，从套管处跌落至地面，造成头部严重脑震荡，左臂粉碎性骨折。

（4）某变电站220kV门型架构上进行悬垂瓷绝缘子清扫（距地面7m），检修人员在转移过程中携带扳手从电工钳套中掉出，他下意识地去抓扳手（未系安全带），身体失去平衡跌落地面，经抢救无效死亡。

二、事故分析

（1）工区领导对安全带使用把关不严格，登高作业的风险预判和把控失误，安全管理工作存在漏洞，使部分检修工有章不循造成事故。

（2）当事人对安全带的作用认识不到位，高空作业不重视安全防护的细节，在危险因素彰显的情况下，不警惕、不预防，凭经验和不良习惯冒险作业。

三、事故教训及对策

（1）清扫绝缘子的检修人员犯了两条错误。①违反《安规》18.1.9："高处作业人员在作业过程中，应随时检查安全带是否拴牢。高处作业人员在转

移作业位置时，不得失去安全保护。"②违反《安规》18.1.11："高处作业一律使用工具袋。"

（2）悬挂杆号牌的工作人员，认为作业点不高，疏忽大意，没有使用安全带。

（3）高压试验人员在主变压器套管上工作不系安全带，属于习惯性违章。认为原来都是这样做的、别人也是这样做的，意外失误造成事故。

（4）事故案例提醒使用安全带的注意事项：①凡高处作业（2m以上）必须正确使用安全带。②安全带应高挂低用，注意防止摆动碰撞。不准将绳打结使用，安全带的各种部件不得任意拆除。③安全带检验周期6个月，使用中按规定抽验。频繁使用的安全带做外观检查，无破断可继续使用，发现异常时立即更换新绳。④安全带保存在干燥、通风的地方，不准接触高温、明火、强酸和尖锐的坚硬物体，不准长期暴晒。

案例 2　安全带连接环回簧失灵，失去保护发生高坠事故

一、事故原因

1983年12月1日，某调度所在变电站围墙外做电缆终端杆拉线，通信班工作人员上杆挂钢丝绳。因安全带连接环回簧已失灵，他在移位时连接环与皮带脱离，失去保护，他没有觉察从5m高处摔落，头着地颈椎压缩性骨折，抢救无效死亡。

二、事故分析

（1）安全员对施工前的工器具和人员状态缺乏细致观察和必要的安全检查。

（2）当事人粗心大意，对每天使用的安全带不重视、不维护，配件失灵与缺失应该及时维修补充。

三、事故教训及对策

（1）违反《安规（变电部分）》18.1.9"高处作业人员在作业过程中，应随时检查安全带是否拴牢。高处作业人员在转移作业位置时不得失去安全保护"。

（2）每个作业点的工作负责人和安全员应尽职尽责，每天工作前检查每个人使用的安全工器具、劳动防护用品状态良好，并关注各部位的质量细节。

案例 3　登高作业系好安全带，避免人身高坠事故

一、未遂事故原因

（1）某线路工区新工人在线路实习登高作业时，安全带的保险扣未扣好便开始解线工作。天气寒冷，将他手脚都冻麻了。在解线过程有根断股严重的导线突然断裂，出现"跑线"现象，新工人来不及闪躲被导线击中。这时，幸好旁边的师傅（已系好安全带）用力抓住他，新工人在本能促使下，向电杆抱去，才没从20m高的电杆上坠落。

（2）1991年10月29日，某火电公司筑炉队架子工赵某等人，在某6号炉膛内搭设脚手架。由于认真执行《安规》，系好速差保险器和安全带，经检查无误后，才下到炉膛内工作。在赵某安装固定脚手架过程，因管卡子承受不了其身体重量，赵某身体失去平衡急剧向下坠落。由于工作前挂好了"速差保险器和安全带"，整个身子被悬吊在45m高的炉膛中，避免了高空坠落事故。

二、未遂事故分析

（1）线路作业中安全预防思想到位、安全监护人员到位、安全措施到位，在高空作业风雨交加的环境里，师傅一个安全援助动作，解救了徒弟高处坠落危险。

（2）新工人登高作业，操作动作要领不熟练，对各种高空动作如何展开

考虑不周，应对紧急情况时经验不足，出现高处坠落现象。

（3）炉膛内搭设脚手架的工人失去平衡，速差保险器在关键时候起到了救命作用。

三、未遂事故教训及对策

（1）工程的组织者应熟悉线路设备状况与人员素质状态，考虑工作的必要性和安全性，预防高处坠落、高空坠物等伤害。

（2）监护人应熟悉工作人员的工作能力，时刻关注作业人员的活动轨迹。特别是恶劣天气作业时，集中精力对各种操作动作监护到位，及时用口头或肢体语言进行表达、援助。

（3）工人的素质要求：具有必要的电气知识和业务技能，熟悉工作流程，明确工作的危险点，遵守规程制度和劳动纪律。正确使用安全工具和劳动防护用品。

第四节　绝缘鞋（手套）使用不当事故

绝缘手套和绝缘靴由特种橡胶制成，运维检修人员在从事电力设备运维工作中，作为与地保持绝缘的辅助安全用具。绝缘靴可作为各类电压等级下，防护跨步电压的基本安全用具。进行电气设备操作时，绝缘手套可作为辅助安全用具使用。

案例1　绝缘靴保护工人生命，赤脚作业者触电死亡

一、事故原因

（1）某电厂基建施工中，一工人用切缝机切割混凝土路面的伸缩缝。因切缝机的电缆线磨损，铜芯线触及设备金属外壳，工人触电昏倒在地，

抢救无效死亡。

（2）2010年7月9日小雨，某电力基建工地3名工人正在移动一架小型桩机，其中2人脚穿胶靴，另1人却光头赤脚。为了图省事，移机前3人商量不拉电闸了，并互相提醒要小心些。桩机在撬动中晃动，电动机外壳碰到电线破皮处，桩机立即带电。2名穿胶靴的民工触之后马上缩手，平安脱险。赤脚民工遭电击之后，仰身倒下，后脑碰着地上硬物。终因后脑重伤，抢救无效死亡。

二、事故分析

（1）施工电气设备的安装应由电工进行操作，但是3名工人代替电工职位，草率行事，不停电进行作业。

（2）总监理工程师审批施工方案对细节考虑不周到。监理工程师对现场安全用电监督不到位，严重失职。

（3）施工方经理用人不当，当事人的技术素质不满足工程需要。

三、事故教训及对策

（1）基建部对施工方案审核把关不严，施工用电安全监督不到位。施工设备的接线应规范可靠，控制电源应采用漏电保护器（剩余电流保护），电动机外壳应有保护性接地线。施工电源管理规定：末级配电箱漏电保护器的额定动作电流应不大于30mA，额定漏电动时间不大于0.1s。潮湿场所作额定动作电流应不大于15mA，额定漏电动时间不大于0.1s。

（2）监理项目部召开工地例会时，没有强调施工人员的"同进同出"要求，有部分未登记的临时工参与现场施工。对施工工具的安全检查流于形式。

（3）施工方经理与安全员脱离现场，未尽到施工过程的安全管理职责。潮湿环境作业应要求操作人员穿绝缘鞋、戴绝缘手套。

案例2　跨步电压造成一家三代5口人触电事故

一、事故原因

　　某日早晨，大风将0.4kV线路导线吹断落到水田中。一农户的小儿子把一群鸭子赶到水田放养。一只鸭子游到断线处被电死，小儿子去捡死鸭子，被电击倒下。哥哥下去拉弟弟，也触电倒在田里。爷爷去拉孙子，也倒在田里。爸爸去拖爷爷，也触电落水而死。妈妈下田拖爸爸，也落水触电。最后，因为妈妈离落地电线远，触电时间短被救活。

二、事故分析

　　（1）农村低压线路安装维护不良，大风天气造成导线断线事故。

　　（2）村民对安全用电知识不了解，发生人身触电事故后，不懂跨步电压❶的原理，盲目采用错误的施救方法。

　　（3）事故处理应首先断开电源解除对人身的威胁。触电现场救人应穿绝缘靴，使用绝缘工具。

　　（4）变压器台区配电箱内没有安装剩余电流保护，分支线路导线断线接地故障后无法自动进行控制。

　　这是一起特殊的跨步电压触电事故。如果在场的当事人懂得安全用电常识，绝不会发生全家人触电伤亡的悲剧。

三、事故教训及对策

　　（1）农村电网的安全运行既关系广大用户的人身安全，也关系到企业的经济效益。现有农村低压供电网的设计、安装、运行及检修的施工已进行标准化作业、规范化管理，避免了断线事故的隐患。

---

❶　当电力设备或线路发生接地故障时，故障电流会从接地体向大地流散，与接地点的距离越近，电位越高，与接地点的距离越远，电位越低。人体承受跨步电压时，电流沿左脚经两腿到右脚流通，造成人双脚抽筋倒地。这样故障电流会通过倒地的人体，经过人的重要器官造成触电死亡。

（2）县级供电企业应持续开展农村用电安全性评价，及时处理各类设备缺陷。利用各种形式开展用电安全知识宣传教育活动。

（3）分支线路上用户受电端的导线断线、接地故障，应采用剩余电流保护，作为运行安全的基本保护措施。线路故障时能及时切断电源，避免发生人身触电和设备损坏。

第五节　围栏设置不当事故

案例 1　未设置围栏及标示牌，发生触电烧伤事故

一、事故原因

（1）1985 年 11 月 1 日，某供电局在检修 351 断路器。因缺少线夹的三个螺栓，工作人员回检修间去找。当其返回时，错误地走到 352 断路器处。便沿 352 断路器机构箱上构架，右手触摸带电部位，灼伤严重而被截肢。

（2）高压试验班在 110kV 某变电站试验 110kV 避雷器时，由于避雷器引线不好拆，工作人员决定连同引线一块试验，这样就把电充到了围栏保护外的隔离开关触头上。但隔离开关处未设围栏，隔离开关构架也未挂"高压危险，禁止攀登！"标示牌，又未派专人看守。当试验 B 相时，一检修人员出现在隔离开关处，造成触电烧伤。

二、事故分析

（1）变电站值班员在许可工作票时，未交代相邻间隔 352 断路器带电，未设围栏，未在构架上悬挂"禁止攀登，高压危险！"标示牌。检修人员工作注意力不集中，不知何事分散精力，走错间隔。

（2）高压试验班明知隔离开关处存在触电风险，却不及时采取必要的安全措施，造成检修人员触电。

（3）修试工区领导对多班组作业现场，不提前布置安全工作区域，安全员对现场安全监督不到位。

三、事故教训及对策

（1）违反《安规（变电部分）》7.5.7"在室外构架上工作，应在工作地点临近带电部分的横梁上，悬挂'止步，高压危险！'的标示牌。在作业人员上下铁架或梯子上，应悬挂'从此上下'的标示牌。在临近其他可能误登的带电构架上，应悬挂'禁止攀登，高压危险！'的标示牌。"

（2）变电站交接班前或在检修工作开工前，变电站站长（检修班长）与安全员应再次检查设备区所设置的围栏和安全警示牌。

（3）高压试验时，试验设备范围必须设围栏，设备试验范围内的区域应设专人看护，非试验工作人员禁止入内。

案例2 跨越围栏，无视标示牌警示，发生触电事故

一、事故原因

（1）某变电工区综合班，在110kV某变电站进行线路带电显示装置检查，因显示装置插件损坏不能继续工作，工作负责人离开工作现场办理工作终结手续。工作班成员怀疑是感应棒的原因，私自跨越安全围栏，无视爬梯上"禁止攀登，高压危险！"标示牌的警示，登上隔离开关构架时，线路侧隔离开关触头对他放电而坠落地面，经抢救无效死亡。

（2）工作负责人带领工作人员5人到开关站工作。工作负责人为了测量隔离开关与断路器之间连接线的尺寸，擅自移开围栏，解开10kV 695开关柜的防误装置进入间隔（6953隔离开关出线侧带电），导致人身触电事故。

二、事故分析

（1）工作负责人没有计划、擅自移开围栏，单独从事作业，导致意外触

电伤害。

（2）工作班成员安全素质差，在没有监护的情况下从事危险性作业。

三、事故教训及对策

（1）违反国家电网公司"生产场所作业十不干"的规定内容："超出工作范围未经审批的不干，工作负责人不在场的不干。"

（2）工作负责人要了解成员的工作能力和习惯弱点，注意教育防范。班组人员要互相关心，互相提醒，拒绝违章。

（3）工作班成员无视标示牌的警示，跨越围栏的安全底线，变电工区应针对该问题进行安全教育和安全管理。

案例 3　安全员发现围栏位置错误，成功防范人身触电事故

一、未遂事故原因

2019 年 11 月 2 日，220kV 某变电站值班员在 110kV 双回路间隔将围栏位置放错。工作票许可后，检修班的安全员爬上梯子检查工作时，发现检修设备上没装接地线。安全员没有盲目让大家工作，仔细查看周围设备状态后，发现现有的围栏位置设在运行设备间隔。检修班安全员汇报班长，并与变电站值班员认真核对后，纠正了装置违章的错误，避免了人身触电事故。

二、未遂事故分析

围栏是工作位置与带电设备之间的安全隔离，是防护工作人员意外触碰带电设备的安全防护设施。

（1）值班员对设备原理不清楚，在双回路间隔盲目设置围栏并造成失误。

（2）变电站交接班不认真，值班长巡视设备时，没有发现围栏设置错误。

（3）工作许可人和工作监护人在办理第一种工作票签字手续时，走形式图省事，没有检查围栏等安全设置状况。

三、未遂事故教训及对策

（1）安全员用心工作、尽职尽责，既保护了自身安全，又保护了同事的安全。安全生产需要高素质的吹哨人，针对个别值班员的技术素质差、责任心不强的问题，可开展安全学习和安全考核活动。值班员应注意培养自己的执行力、纪律性、团队意识，及时补齐知识短板。值班员学习新知识的能力、认真严谨的工作能力，是变电运行岗位成才的必备条件。

（2）由于无人值班变电站数量逐年增加，生产活动半径逐步扩大，人员承载力和到岗到位能力与实际要求有了差距。变电工区、修试工区的运维检修工作量有时超负荷运转，使工区领导的运作精力达不到按照计划、跟踪控制的要求，现场勘查、工作现场布置不满足安全工作要求。运维检修部应严格执行检修作业安全风险管控流程，策划市、县公司运维检修一体化运作方式，如图 16-5 所示为输变电运维检修作业安全风险管控流程示意图。

（3）公司领导对基层生产的检查落实工作不重视，认为制度健全，人员配备专业，有基层领导主持工作，"谁主管，谁负责"。因此，下去调查研究的时间少，及时发现有代表性、倾向性、关键性问题的概率降低。由于主要精力偏移，控制沟通能力变弱，造成各项工作不闭环。

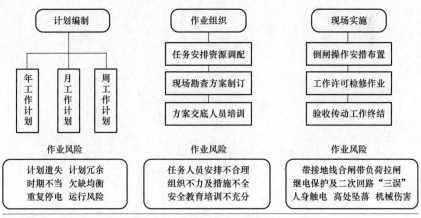

图 16-5　输变电运维检修作业安全风险管控流程示意图